行銷其實就是一個**攻心術**，

誰**掌握了顧客的心理**，誰就是最後的贏家！

世界級行銷學

WORLD CLASS MARKETING

蔡擇成 著

超越傳統行銷思維，

學習全球行銷策略，

放大格局贏得效益的

小故事大啟發！

不同的思維，不同的推銷術，就會有不同的結果。

面對生活的變化，我們常常習慣於過去的思維方式和思維定勢，這樣思路就會狹窄，就無法多角度的思考問題。

身為行銷人員，要想成功，必須打破常規，找到新的突破口！

目錄

序言

在商品經濟社會，無論對於生產產品的企業，還是對於服務性公司來說，要實現利潤，就必須把自己的產品或提供的服務推銷出去，即實現從產品到貨幣的轉換。要實現這一環節，靠誰呢？靠行銷人員。可見，行銷人員的工作是一項非常重要的工作。

隨著商品經濟的發展，行銷人員的隊伍也越來越壯大，他們遍布世界各地，進入各行各業，深入人們生活的各個方面。他們不僅積極主動地向消費者推銷產品並提供相對的服務，直接刺激人們的物質生活需要，還透過與消費者的有效溝通，促使人們最滿意的新產品的誕生，在為人們提供便利的同時，也豐富了人們的精神生活。

親愛的朋友，此時，你難道不為自己正在從事行銷工作而自豪嗎？你難道不因此而更加熱愛自己的工作嗎？親愛的讀者，你難道不因此而佩服我們的行銷人員？你難道不想為它添磚加瓦嗎？因此，我們特別編了最有創意行銷的小故事。

我們不僅精選了非常經典的的行銷故事，還立足於現代社會的現狀，從當前最權威的經濟刊物上選取了一些有關行銷方面的成功案例。這些故事不但蘊涵深刻的行銷道理，而且具有現實意義。

〈蘭麗綿羊的促銷術〉告訴我們應從探討消費者的心理著手，做出符合他們的心理的廣告。《參與式推銷》一改「新產品只在實驗室產生」的模式，透過舉辦活動讓消費者積極參與設計產品，並無意識的為自己設計的產品大力做宣傳。〈齊藤竹之助的行銷〉告訴我們行銷不僅需要智慧，更需要耐心和恒心。〈鞋子進軍島嶼記〉告訴我們應有發現市場的眼光，而不能一味的抱怨市場難以開拓……。

每個故事都附有深刻的行銷啟示，以便你在欣賞故事的過程中，更深刻的體會到故事中的人物的行銷技巧的高妙之處，並受到啟發。那些經典的故事給一代又一代行銷人員莫大的啟發，促使他們在行銷過程中創造了一個又一個的行銷奇蹟。那些貼近現代的故事，告訴我們應以不變應萬變，行銷的過程就是藝術創造的過程，只要打破舊的思維模式，就能創造出最有效的行銷策略，不管所處的市場變得多麼快，不管競爭多麼激烈，你都會立於不敗之地。相信你讀完後，靜下心來，慢慢體會，一定能獲益匪淺，得到啟發，不斷的提高行銷水準，獲得事業的更大成功。

斧頭和總統的故事

布魯金斯學會成立於西元一九一六年，以培養世界上最傑出的推銷人員聞名於世。它有一個傳統，在每期學員畢業時，都設計一道最能表現出推銷員能力的題目，讓學員去完成。

柯林頓當政期間，他們出了一道題目：請把一條三角內褲推銷給柯林頓。八年間，有許多學員為此絞盡腦汁，但最後都失敗了。柯林頓卸任後，布魯金斯學會把題目換成：請將一把斧頭推銷給布希總統。

鑒於八年前的失敗和教訓，許多學員知難而退。有的學員甚至宣稱：「這項獎又會從缺，因為現任總統什麼都不缺；即使缺少，也不用他親自購買；再退一步，即使他親自購買，也不一定會買你的。」

然而喬治·赫伯特卻做到了，而且還不費力氣。有一天，他對記者說：「我覺得，將一把斧頭推銷給布希總統是完全可能的。因為，布希總統在德克薩斯州有一處農場，那裡有許多樹，於是我寫了一封信給他：有一次，我有榮幸參觀您的農場，發現那裡長著許多矢菊樹，有些已經死掉，木質已經變得鬆軟。我想，您一定需要一把小斧頭，但是從您現在的身體來看，這種小斧頭顯然太輕，因此您仍然需要一把不甚鋒利的老斧頭。現在我這裡正好有一把這樣的斧頭，它是我祖父留給我的，很適合砍伐枯樹。如果您有興趣，請按照這封信所留的信箱，給予回覆……。」最後他匯來了十五美元給我。

西元二〇〇一年五月二十日，布魯金斯學會得知這一消息，把刻有「最偉大推銷員」的一個金靴子贈予他，這是自西元一九七五年該學會的一名學員成功的把一台微型答錄機推銷給尼克森以來，又一名學員獲得如此高的榮譽。

喬治・赫伯特成功後，布魯金斯學會表彰他：「金靴獎已從缺了二十六年，二十六年間，布魯金斯學會培養了成千上萬的推銷員，造就了數以萬計的百萬富翁。這個金靴子之所以沒有授予他們，是因為我們一直尋找這樣一個人：這個人從不因為有人說某一目標不能實現而放棄；從不因為某件事情難以辦到而失去自信。」

行銷啟示：

「天做孽，猶可活；自做孽，不可活。」這告訴我們，自強、自信是撐起成功之帆的支柱。身為一個推銷員，尤其如此。在推銷過程中，只有不畏艱辛，充滿自信，才能獲得更大的成功。

賣梳子的故事

有一間處於上升期的公司，準備擴大經營規模，高薪聘請行銷人員。一時間，報名者雲集。

面對眾多應徵者，公司經理是這樣說的，為選拔高素質的行銷人員，我們出一道具有挑戰性的試題，題目是把梳子賣給和尚，誰賣的多就錄取誰。

許多應徵者感到迷惑不解，甚至憤怒：和尚要梳子有什麼用處？這豈不是腦袋有問題，拿人尋開心？不一會兒，應徵者紛紛拂袖而去，只剩下兩個應徵者張三、李四。

經理交待：「以十天為限，屆時向我彙報銷售成果。」

十天過後，負責人問張三：「你賣出了多少把？多少錢一把？」

張三回答：「一把，五塊錢一把。」

經理問：「怎麼賣的？」

張三講述了他歷盡千辛萬苦，遊說和尚應該買把梳子，但沒有效果，還慘遭和尚的責罵。幸好在下山途中遇到一個小和尚邊曬太陽邊抓頭皮。張三靈機一動，遞上梳子，說：「試試這個。」小和尚用後十分高興，於是買了一把。

經理問李四：「賣出多少把？多少錢一把？」

李四回答：「一千把，十塊錢一把。」

經理驚訝的問：「怎麼賣的？」

李四說他到一個頗為有名、香火鼎盛的深山寶剎，在那裡有許多朝聖者。李四對住持說：「凡進香參觀者，都有一顆虔誠之心，寶剎應有所回贈，以做紀念，保佑其平安吉祥，鼓勵其多做善事。我有一批木製的梳子，您的書法超群，可刻上『積德梳』幾個字，便可當做贈品。」住持大喜，立即買下了一千把梳子。得到「積德梳」的朝聖者都很高興，一傳十、十傳百，朝聖者更多，香火更旺。

行銷啟示：

把梳子賣給和尚，聽起來匪夷所思，但不同的思維，不同的推銷術，卻有不同的結果。看似不可能完成的任務，透過巧妙的角度切入，在別人認為不可能的地方開發出新的市場，這才是真正的行銷高手。

原子筆的故事

小張到Ａ公司去推銷，秘書告訴他，總經理不願見他。秘書拗不過小張的堅持，硬著頭皮，恭敬地把名片交給埋頭於文件堆中的總經理，和平常一樣，總經理不耐煩的把名片退回去。無可奈何，秘書把名片退回給站在門外的小張，小張把一支原子筆遞給秘書，並且說：「沒關係，我下次再來拜訪，請總經理先試試我的原子筆。」

秘書無奈，再進辦公室。總經理火更大了，將原子筆扔回給秘書。

秘書不知所措的愣在那裡，總經理更氣，從口袋裏拿出一百塊錢，一百塊錢買他一支原子筆，夠了吧！

豈知當秘書略帶歉意的遞還給業務員原子筆與一百塊錢後，小張反而很愉快的高聲說：「請妳跟總經理說，一百塊錢可以買五支原子筆，我還欠他四支。」隨即，又拿出四支原子筆交給秘書。

秘書又拿了另外四支原子筆走到總經理面前，把門外小張的話轉告給了他，總經理聽完以後大笑，他離開辦公桌走了出來：「和這樣的業務員談生意，一定很有趣！」

行銷啟示：

同一件事用不同的方法處理，就會有不同的結果。推銷員靈機應變，正確對待「無情拒絕」，化險為夷，登上成功的寶座。

破銅爛鐵的價值

西元一九七四年，美國政府決定重塑自由女神像，重塑的女神像栩栩如生，但留下了許多廢料。面對怎樣處理這些廢料，政府向社會招標，尋求合作處理它們的公司，但卻無人投標。

一個猶太商人聽說後，立即飛往紐約，看到自由女神像下一大堆的銅塊和木料，他馬上就簽了字。

很多人對他的這一舉動疑惑不解，甚至有人暗自嘲笑他的愚蠢。因為在紐約，垃圾處理有嚴格規定，稍微不慎就會受到環保單位的起訴。可是，猶太商人卻開始集合工人對廢料進行分門別類，把廢鉛、廢鋁做成紐約廣場精美的鑰匙；

把廢銅熔化，做成小自由女神像；把木頭等加工成底座。幾個月後，這堆原本令人煩惱的廢料變成了三百五十萬美元的現金，也就是說，每磅銅的價格整整翻了上萬倍。

這個猶太商人就是麥考爾公司的董事長。是什麼使他有如此創舉呢？

西元一九四六年，麥考爾公司的董事長和他的父親來到美國，在休士頓做銅器生意，他們是奧斯維辛集中營的倖存者。

有一天，他父親問他：「孩子，現在一磅銅的價格是多少？」

「四十五美分。」他回答說。

他父親說：「不錯，全世界的人都知道是四十五美分，但身為猶太人，我們唯一擁有的財富就是智慧。對於我們來說，不應該是四十五美分，而應該是四百五十美分。」

他驚訝的望著父親。他父親說：「你試著把一磅銅做成門的把手，如何？」

受到父親的啟發，這位猶太商人發現了許多一般人無法發現的商機。

行銷啟示：

同樣是銅塊，把它做成銅鎖和按照重量出售的價值肯定不一樣。特別是第一個想到把廢銅做成銅鎖的人，一定會在同類中出類拔萃的。

鞋子進軍島嶼記

許多生產鞋子的公司，為了尋找更多的市場，他們往世界各地派了很多業務員。這些業務員不辭辛苦，想方設法的搜集人們對鞋子的需求資訊，不斷的把這些資訊回傳給公司。

湯姆森就是其中的一個。他來到了一個海島上，發現海島相當封閉，島上的人祖祖輩輩以漁業為生。他還發現島上的居民衣著簡陋，幾乎全是赤腳，只有那些在礁石上採拾海蠣子的人為了避免被礁石割傷了腳，才在腳上綁上海草。

湯姆森一到了海島，立即引起了當地人的注意。他們注視著湯姆森，議論紛紛。他們對湯姆森腳上穿的鞋子感到非常納悶：把一個「腳套」套在腳上，不難受嗎？

與其他業務員的態度相反，湯姆森看到這種狀況很高興，他覺得這裡是很好的市場，因為沒有人穿鞋子，所以鞋子的銷售潛力一定很大。他留在島上，與島上的居民交朋友。

湯姆森在島上住了很多天，他一家挨一家的做宣傳，告訴島上的居民穿鞋子的好處，並親自示範，努力改變島上居民赤腳的習慣。同時，他還把帶去的樣品鞋送給了部分居民。這些居民穿上鞋子後感到鬆軟舒適，走在路上他們再也不用擔心刺痛腳了。這些首次穿上了鞋子的人也向同伴們宣傳穿鞋子的好處。

湯姆森還瞭解到，島上居民由於長年不穿鞋子的緣故，與一般人的腳型有一些區別，並瞭解了他們生產和生活的特點，於是向公司寫了一份詳細的報告。公司根據這些報告，製作了一批適合島上居民穿的鞋子，這些鞋子很快便銷售一空。不久，公司又製作了第二批、第三批……湯姆森所在的公司終於在島上建立了鞋子市場，大大賺了一筆。

就這樣，湯姆森所在的公司生產的鞋子成功的進駐了這座島嶼。

行銷啟示：

面對相同的市場，不同的人會看到不同的前景，這就需要敏銳的洞察力和獨特的思維方式。

蔚山造船廠和五百元舊鈔的故事

韓國巨富鄭周永在創建蔚山造船廠時經歷了一些挫折，首先是訂貨單沒有那麼容易得到，因為當時，外商都不相信韓國的企業有造大船的能力。這該怎麼辦？鄭周永為此絞盡腦汁，終於想出了一計。

他從一堆發黃的舊鈔票中，挑出一張五百元的紙幣，紙幣上印有十五世紀朝鮮民族英雄李舜臣發明的龜甲船，其形狀很容易使人聯想起現代的油輪。而實際上，龜甲船是古代的一種運兵船，李舜臣就是用這種船打敗日本人，粉碎了豐臣秀吉的侵略。

鄭周永因此隨身攜帶這張舊鈔，到處遊說，宣稱韓國在四百多年前就已具備了造船的能力，而現在更加具備建造現代化大油輪的能力。經他這麼一遊說，外商果然信以為真，很快就下訂了兩張各為二十六萬噸級油輪的訂單。

訂單到手後，鄭周永立即率領員工夜以繼日的苦幹。兩年後，兩艘油輪竣工了，而蔚山造船廠也建成了。

行銷啟示：

五百元舊鈔已被時代所淘汰，由於鄭周永獨到的眼光，它成了蔚山造船廠的大功臣，這就說明行銷者要開動腦筋，尋找自己需要的證據。

春風公司與服裝城

春風公司擁有半個街巷的門市店面。雖說這個街巷附近是一個很大的居住區，但是幾年來，公司的業績不佳，不得已撤了許多門市店面，並且對外招租。

有一位青年女子，率先在這裡租店面，開了一間服裝專賣店，由於價格適中，品質優良，生意格外的好。於是賣成衣的，賣兒童服飾的，賣皮帶的等等，全聚到這條街上。這條街上人聲鼎沸，很快成了遠近馳名的服裝一條街。

看到整條街的生意這麼的好，對把店面租給別人的春風公司再也按耐不住了。春風公司收回了對外所租的全部店面，攆走所有在這裡經營的人，自己搖身一變，經營女裝。

但萬萬沒有料到，僅僅一個月的時間，這條街巷又冷清起來，公司效益也出奇的差。

負責人百思不得其解，詢問一個市場研究專家。專家聽完後，微微一笑，問說：「如果你要買衣服，是到一條只有一家服裝店的街上去買，還是要到一個有幾十家服裝店的街上去買呢？」

負責人說：「當然是哪裡的店多，能選擇的機會就多，我就會到那裡去買。」

專家聽了，微微一笑說：「那麼你的公司壟斷了那條街巷的服裝生意，這和一條街上只有一家服裝店有什麼不同呢？」

負責人恍然大悟，回去後他迅速縮減了自己公司的服裝店，又將多出的店面對外招租。於是，這條街巷的服裝生意又恢復了往日的榮景。

行銷啟示：

這個故事告訴我們，絕對的獨門獨店是不存在的，只有整個市場繁榮了，購買者有更多的選擇機會，成功的機會才可能出現。

一個也不錯過

有一天，日本著名推銷員原一平到一商城買東西。正在跟銷售人員討價還價時，他旁邊的一個人毫不猶豫的買下了。

原一平不由自主的看了這位先生一眼：名牌衣服襯托出不凡的氣度。這位先生裝好剛買的東西，準備離開。

「追上去。」原一平對自己說。

那位先生走出商城，向右轉進入了一棟商業大樓，大樓的管理員殷勤的向他鞠躬。此時，原一平為自己的正確判斷而暗自高興。

眼看他走進了電梯，原一平問管理員：「你好，請問剛剛走進電梯的那位先生是……」

「你是誰？」管理員問說。

「是這樣的，剛才在商城他掉了東西，我剛好撿到，但來不及還他，他就走遠了。所以跟著他，冒昧向你請教。」

「哦！原來這樣，他是藍天公司的總經理，在Ａ棟六〇九。」

後來藍天公司成了原一平的大客戶。

行銷啟示：

原一平在商城買東西也能找到客戶，這說明客戶無處不在，只要你時時留心，就能不斷開發新的客戶。

一簍筐蘋果

有一位中年婦人，擺了一大簍筐蘋果在市場中央吆喝叫賣，可是許多人走過來只看了一眼就走了，有個老年人嘴裏還直嘀咕「這蘋果那麼青」！中年婦人看看自己的蘋果，今天的蘋果的確是青了點，但又不能退，天氣越來越熱，沒幾天就會腐爛，這樣豈不是血本無歸？

眼看一天賣出的蘋果不多，中年婦人心情煩悶地回到家，兩眼無神，這時兒子進來吵著要吃蘋果，中年婦人不耐煩地從簍筐裏拿了一顆蘋果給兒子。兒子嫌蘋果青，哭著要簍筐裏的那顆紅蘋果。中年婦人無奈的抓起紅蘋果塞給了兒子，忽然間，中年婦人發現這兩顆蘋果的顏色確實形成鮮明的對比。於是，中年婦人把蘋果按照顏色深淺不同分成兩小筐。

第二天，中年婦人和丈夫一大早就來到市場，她面前放著一小筐比較紅的蘋果，她丈夫放一小筐較青的蘋果。她大聲吆喝：「買蘋果，又甜又脆的紅蘋果！」

她丈夫也坐在老婆的身邊吆喝，但他吆喝的卻是：「蘋果便宜賣，十塊錢一斤！」

一下子吸引了一大堆顧客，要吃好看的買這中年婦女的，貪圖便宜的買他丈夫的，沒多久時間蘋果就這樣賣完了。

行銷啟示：

同樣的蘋果，不一樣的賣法，收到不一樣的結果。這就說明利用對比產生的視覺誤差，能產生你意想不到的效果。

小池和二十五位顧客

推銷的根本是在推銷自己，成功的人總是有著非凡的個人魅力。小池先生獲得顧客的信賴的非凡魅力是誠實。

小池二十歲時，在一家機器公司當推銷員。由於他說話誠懇，為人誠實，推銷機器非常順利，半個月內就和二十五位顧客做成了生意。

不經意間，他發現他現在所賣的這種機器，比其他公司生產的同樣性能的機器貴了一些。

他認為如果顧客知道了，會覺得我在欺騙他們，很可能就會不再信任自己。

於是，小池隨即帶著合約書和訂單，逐家拜訪客戶，如實的向顧客說明情況，並告訴顧客可以解除合約。

每個顧客被他的這一舉動感動了，同時也為他帶來了難以估量的商譽價值，大家都認為他是一個值得信賴的正直的人。結果，不但二十五個人沒有一個人解除合約，反而有更多的顧客跟他簽合約。

行銷啟示：

做推銷與做人一樣，首先都要講求誠實，而誠實給你所帶來的榮譽也會讓你得到更大的回報。

挑戰休閒雜誌，傳統麵食製作

有一天，點心店的老闆發訊息給各大媒體，邀請許多記者來參觀一場「挑戰休閒雜誌，傳統麵食製作」的比賽。

只見店裏到處張燈結綵，喜氣洋洋，非常熱鬧。點心店老闆一副古裝打扮，一塊麵團讓他一捏一拉，一片薄得幾乎可以看透的包子皮就呈現在觀眾面前。緊接著，細細長長，掛在手上的一圈又一圈的麵條，一層又一層、鬆鬆軟軟的蔥油餅，讓人食指大動。

在場的記者都成了評審委員，一一品嚐之後，一個個不由得伸出大拇指稱讚：「真好吃。」

這場大挑戰點心店大受其益，因為各個媒體都做了報導，點心店的生意更加紅火。

這得感謝一個記者挑起了這場戰爭。因為大戰開始的前幾天，這位記者在吃飯時，和這家著名點心店的服務生起了一點爭吵，所以在一本休閒雜誌上寫了文章，批評這家點心店的東西難以下嚥，而這些都是惡意中傷，不合事實。

點心店的員工看到這篇報導都很氣憤，紛紛請求老闆告記者誹謗。然而，老闆聽到員工的敘述後，反而特別高興，認為「好機會來了」。於是，發生了上述的一幕。

行銷啟示：

在行銷中，要學會從不同角度看問題，化不利條件為有利條件，就能成為同行業的佼佼者。

免費修理員

小張和小王都在鎮上賣農具。小張的客戶是一天比一天多，而小王的客戶卻是一天比一天少。

這是什麼原因呢？小張和小王有不同的經營理念。小王認為，自己的產品銷售出去後，利潤已到手，則萬事大吉。小張認為，自己的產品銷售出去後，還需主動上門去服務，以贏得顧客的信賴。

有一天，小張到一個村莊去做售後服務工作，剛好碰到一個農夫笨拙的在修理自己的農具。

原來，這是他剛從小王那裡買來的農具，老是毛病百出，農夫為此十分苦惱。

小張毫不猶豫的走上前對農夫說：「老伯，我是在賣農具的，懂得一些修理農具的知識，我可以幫你修理嗎？」

農夫忙答：「可以！」

經小張的盡心修理，最後農具修理好了，而且很好用。於是，農夫很感激，並拿出一筆修理費用要給小張。小張卻婉拒不接受，他告訴農夫這是他應該做的事。

這件事情發生以後，農夫總是逢人便誇小張人格高尚、技術精湛，並熱心的為小張介紹了許多客戶。售後服務本身就是對產品的強有力的保障，贏得顧客信賴的必備條件。由於小張具備這種服務精神，所以他的生意越做越好。

行銷啟示：

貨品交到顧客手上時，並不意味這項交易成功，只有當顧客信任你，並決定長期跟你合作，甚至為你介紹客戶時，這才算進入了成功交易的大門。

意外的簽約

一位在證券公司上班的業務員，參加一個未成為他的客戶的老太太的喪禮。當他抵達會場時，發現另一家證券公司竟也送來一對花籃，他內心很納悶：「究竟是怎麼一回事呢？」

兩個月後，一個中年婦女拜訪他，自稱自己是那位老太太的女兒，即另一家證券某分支機搆的經理夫人。從這位中年婦女口中得知，她在清理母親遺物時，發現好幾張他的名片，上面還寫了一些特別關懷的話，老太太都特別小心地保存著。而且，她以前也曾聽她母親談起過他，說與他聊天是生活的趣事。因此，這位中年婦女特地前來向他致謝，感謝他曾如此鼓勵她的母親。

這位婦女向他深深的鞠躬，眼角還噙著淚水，並說：「為了答謝你的好意，我瞞著丈夫向你購買貴公司的債券……」然後拿出四十萬現金，請求簽約。對於這種突如其來的舉動，這位業務員十分驚訝，一時之間，不知道要說什麼才好。後來這成為業界的一段佳話。

不管在哪裡，這位業務員關心年長者的態度是可取的，他衷心希望老年人能靠儲蓄愉快的度過餘生，並積極的與他們討論這方面的事情。這等於是帶著「參與推銷」的心情去拜訪他們的。老太太的女兒之所以會這樣做，就是因為被他的愛心所感動，才買了該公司的債券。

這種推銷的方法就是愛心感動法，其最高的境界就是讓顧客感動，至於成交就更不在話下。

行銷啟示：

即使老太太過世了，生意泡湯了，他還是參加了老太太的喪禮。老太太的女兒因感激而跟他簽約。作為一個業務員，要想獲得成功，必須學會真誠待人。

聰明的房地產商人

聰明的房地產商人巧用一個「不」字，淨賺了一倍的錢。聽來不可思議，但卻是千真萬確的事實。

這位房地產商人有一棟大樓要出租，這消息一傳出，馬上引起了兩家頗具實力的大公司濃厚的興趣。大家都想租到這種地段優越、環境優美、空氣新鮮、裝修豪華的大樓。

兩家公司的總經理事先都給這位商人打了招呼，而且甲公司願意租下整棟大樓的十層，價格要比乙公司高出一倍。商人想了想，要他的律師打電話向甲公司和乙公司表示：只能下次合作了。

律師納悶：為什麼不把大樓租給甲公司呢？還有誰會出這麼高的價錢呢？

這時商人神秘的一笑，並要律師趕緊按照他的意思去辦。

兩位總經理得知這一消息，那肯罷休，強烈要求面見房地產商人，三個人在屋子裏坐了幾個小時，最後兩位總經理相互妥協，達成一致協議：即他們各自以甲公司原來的價格租下房子的一半。商人一下子淨賺了一倍。

律師知道後，雙眼睜得大大的，問：「我的天啊！你是怎麼說服這兩個人的？一定費了不少口舌吧。」緊接著，喃喃自語：「出原來的高價，卻只租到一半的房子！簡直不可思議！」

商人告訴律師他什麼都沒有做，只是告訴他們：「不，我不能把房子租給你們之中的任何一個，這讓我為難！」

行銷啟示：

作為一名推銷人員，不要為了自己的面子，更不要礙於別人的情面而羞於說「不」。恰當地說「不」，不僅不會得罪對方，還會促成成功。

火腿加工廠和漫畫

一幅漫畫很特別，畫上是一隻肥碩的小豬，正在痛哭流涕，表情就像是一個無辜的孩子，栩栩如生，悲痛地對告訴人們，牠成了可憐的孤兒，牠的父母、兄弟、姐妹和所有的親戚都被送到利普頓工廠加工成了火腿……。

和這幅漫畫擁有一樣的畫面的還有許多精美的印刷品，它們被張貼在工廠、各個超市和食品店門口。

這漫畫是誰畫的，是誰張貼的？

原來利普頓火腿加工廠的生意一直不好，不管是從肉質，還是從口感上來說都應該深受消費者歡迎，但是產品上市好長時間，反應一直很平淡。

廠長著急的問自己：「該怎麼推銷產品呢？」

他來來回回的在廠房巡視，哪裡是解決問題的突破口呢？不知不覺的，他走到了屠宰豬的場所，忽然靈機一動。他請來一位善於畫畫的人，按照他的要求畫出了一幅上述畫面的漫畫。

此時，許許多多的顧客到了超市和食品店都要尋找這隻惹人疼愛的小豬，「利普頓孤兒」深入人心了。一個星期之後，這家火腿加工廠的生意特別好，已到了供不應求的地步。

行銷啟示：

利普頓的火腿再美味，如果沒有第一批來品嚐的顧客，恐怕還是會「養在深閨人未識」。由此可見，選擇最能激發消費者的好奇心和購買慾望的畫面做廣告，是非常必要的。

售貨員妙對退貨的顧客

一位中年婦女告訴售貨員，外套她買回去之後，她的丈夫不喜歡這個顏色，覺得樣式也一般，她想她還是退掉的好，她可不想讓丈夫不高興。

售貨員在檢查要退回的衣服時，發現上面的商標已經有脫落了，而且細心的她還發現外套上有明顯的乾洗過的痕跡。於是，面有難色的說：「可是上面的商標都已經脫落了。」

「哦！我記得當時買走的時候好像就沒有……我保證我絕對沒有穿過……因為我丈夫一見到它就說它難看。一買來，我就把它擱在一邊，直到今天我才把它從衣櫃裏拿出來！」這位中年婦女站在那裡一動也不動，態度十分堅決。

看著上面乾洗過的痕跡，售貨員面帶著微笑說：「是嗎？妳看會不會是這樣？是不是妳的家人在去乾洗衣服店的時候把衣服拿錯了。」這位中年婦女語氣軟了一點，說：「不可能吧！」

售貨員只得把衣服展開給顧客看：「這衣服本來就是深色，不顯髒的，說不定拿錯了，我家也有過一次這樣的情況。」說完，售貨員微微一笑。

這位中年婦女面對事實，也不好爭辯，說：「啊！可能是我母親眼花，拿錯了，不好意思……。」

行銷啟示：

售貨員面對無理取鬧的顧客，沒有簡單的回答「不」，而是委婉指出衣服有穿過的痕跡，並找到台階讓顧客下。這說明，面對問題時，冷靜機靈的應對比簡單的爭辯要好得多。

滯銷書變暢銷書

一個年輕人賣書大賺了一筆錢。州長好奇的派人打聽，原來這三本書出售時分別打著「州長認為值得一讀的書」、「州長認為最沒有價值的書」和「州長難以下評語的書」進行宣傳的！

有一天，這個機靈的年輕人看到一位出版商正為積壓在倉庫裏的一大堆書而憂愁，他翻了翻書，覺得書的內容十分好，於是他向出版商說：「我可以幫忙你把書賣出去。」

出版商正為這批滯銷書傷透腦筋，於是十分感激這位年輕人，並做出承諾：「如果書賣出去，他只收回書的成本，剩下的都歸年輕人。」

於是，年輕人想方設法求見州長，送去這本書，並對州長說：「尊敬的州長，您博才多學，請您給這本書下個評語吧！」

日理萬機的州長懶得和他囉嗦，想打發年輕人儘快離開，隨便說了一句：「這本書值得一讀，我留下來仔細看吧！」

年輕人聽完後特別高興，像滿載而歸的勇士，懷揣此書，到處拉訂單，並附上宣傳語：「州長認為值得一讀的書。」很快書就銷售一空。

不久，年輕人又帶來兩本好看卻不好賣的書去求州長寫評語。州長拿起其中一本，在扉頁上寫下「最沒有價值的書」，以此奚落年輕人。

可是年輕人卻絲毫不以為意，仍然笑嘻嘻的遞上第三本書，請求州長寫評語。州長看著他詭異的表情，於是什麼都沒有說，把書放在一旁。

後來，年輕人又以「州長認為最沒有價值的書」和「州長難以下評語的書」進行宣傳，這兩本書又成為當時最暢銷的書。

從年輕人的聰明舉動中我們發現，在行銷過程中，只有花費一番心血，想出新奇的創意才能使自己佔據主動，以巧取勝，以智取勝。

行銷啟示：

年輕人利用名人效應，讓滯銷書變為暢銷書，這說明要從消費者的心理入手，或滿足他們的需求，或投合他們的好奇心，突破傳統觀念和思維定式，就會出奇制勝。

安東尼賣香蕉

你知道土耳其香蕉的由來嗎？這與著名的推銷員安東尼有關。

有一次，老闆把安東尼叫到辦公室，讓他到庫房去看看，並告訴他那裡有一批讓他特別心煩的東西，現在他只要安東尼幫他把它們弄走，只要能收回成本就行，再也不要讓他看到它們！

安東尼去了倉庫，原來是十幾簍的香蕉，因為存放的方法不妥，外面表皮的顏色黑了不少。剝開一看，裡面很好，白白的，吃了一口，甜甜的，十分好吃。

「我是沒有什麼辦法了，這樣的東西誰願意買呢？進價是一元一斤，少賠點我也認了，你看能賣多少是多少吧！」老闆無奈的說。

安東尼雇請了一個工人，仔細交代了一番，只聽工人開始以「土耳其香蕉」為名大聲吆喝。

不一會兒，很多人好奇的走了過來，圍著那個工人不停的問：「土耳其香蕉？長得就是這樣嗎？那裡還產香蕉啊？什麼味道啊……。」

「你嚐嚐看就知道啦！」工人回答說。

說完，工人繼續吆喝著說：「新品種，首次上市，優惠價格，一斤四元，數量有限！」

不一會兒，前來品嚐和購買香蕉的顧客就絡繹不絕。這個價格可比一般香蕉貴很多，但奇怪的是，一個上午不到，香蕉就賣完了。

看到這一切的安東尼特別高興，趕緊回去把這個好消息告訴老闆。老闆聽了十分開心，更加賞識安東尼了。

行銷啟示：

「土耳其香蕉」本來是不存在的，然而，許多人都有好奇心，認為自己不知道的東西就是稀有物，即使價格高點，人們也覺得可以接受，認為花高價品嚐一番也值得。

八元商品

在行銷過程中用「放長線釣大魚」的方法，能使你獲得成功。

有一個青年，曾經做家庭用品及通信銷售。由於整個市場十分疲軟，大多數推銷員的業績不佳。為提高自己的業績，這個青年想了又想，終於想出了一個好方法。

首先，他在一流的婦女雜誌刊載他的「八元商品」廣告，所登的廠商都是有名的大廠商，出售的產品也都是實用的，其中大約二〇％的商品進貨價格超出八元，六〇％的進貨價格剛好是八元。所以雜誌廣告一刊登出來，很多人給他寄來了訂購單。

他出身貧困，沒什麼錢當資本，但利用這種方法也不需要太多的資金，因為只要等客戶匯款過來，再用收來的錢去買貨就行了。

就這樣，他的生意越做越大，錢越賺越多。一年之後，他設立一家通信銷售公司。又過了三年，他的公司已經雇用了五十多個員工，每年的銷售額高達上億元，成為國內十分有名的銷售代理公司。

有許多人困惑不解：明明是虧損的生意，為什麼變成賺錢的生意呢？

從表面上看，訂單越多，他的虧損就越多。如果僅僅如此，毫無疑問他要虧本。但是他並不到此為止，他在寄商品給顧客時，再附帶寄去二十種二十元以上五百元以下的商品目錄和商品圖解說明，然後附一張空白匯款單和訂單。

這樣雖然賣八元商品有虧損，但他是以小金額的商品虧損買大量顧客的「安心感」和「信用」的，這樣，顧客就會放心的買他賣的昂貴的商品，而不去考慮其價錢。恰恰是這些昂貴的商品，不僅可以彌補八元商品的虧損，而且還可以賺一筆錢。

行銷啟示：

不難看出，顧客不是對每一種產品的價格都熟悉，因此，在行銷過程中運用「放長線釣大魚」是很有效用的。

連發飯店

連發飯店（大陸）的李老闆可能著魔了，竟然在離自家飯店不遠的空地上，花錢建了一座用白瓷磚鑲嵌的廁所。

然後，將原來豎在公路邊的「連發」看板用油漆刷白，用鮮紅的油漆寫上「廁所」兩個大字。

這樣一來，路過的人遠遠都能看到「廁所」兩個字了。誰願意在離廁所不遠的飯店吃飯呢？

但奇怪的是，廁所剛建好，當天就有幾輛大巴停下，從車上湧下一批男女，直奔飯店旁的廁所，大行方便。方便之餘，自然四處看看，看到「連發飯店」，便紛紛往那裡走去，有的吃飯，有的購物，好不熱鬧。

於是，長期下來，公路上來來往往的司機都記住了「連發飯店」旁邊的廁所，每天都有上百輛車停在「連發飯店」門前，生意自然越來越紅火。

人們納悶：什麼激發李老闆出了這個怪招？

李老闆曾經在飯店做過十幾年的大廚師，廚藝不錯，且手裏積攢了一些資金，決定開一家飯店。於是，他在柳州至南寧間的國道旁邊選了一個地點，開了一間名為「連發」的飯店兼商店。

他對他妻子說：「這條公路是交通要道，非常繁忙，車輛每天川流不息，客人當然很多，生意自然不壞。」可是，儘管門前車輪滾滾，而飯店卻是門可羅雀。一個月下來，「連發」不僅不發，費用倒是費了不少。

李老闆真是納悶：明明這麼多顧客，都從門前走過，為什麼他們都不吃一點、買一點呢？是飯菜品質不好嗎？連吃都沒吃過，又怎麼知道我的飯菜不好呢？

有一天，閒得無聊的他突然看到一則外國廣告，廣告語非常幽默。於是他靈機一動，也來了一個「照本宣科」：如果你們再不進本店吃點東西，本店的所有員工就沒得吃了。

李老闆喜滋滋的看著貼出的看板，對妻子說：「好日子離我們不遠了！」又是一個月過去了，花花綠綠的看板被風雨打得「面目全非」，但飯店還是賠。這下子，李老闆真的像熱鍋上的螞蟻了，寢食難安，坐臥不寧。

有一天，李老闆正為此事憂愁時，一輛大巴停在飯店門口，幾個人從大巴急忙忙的下來，問：「請問廁所在哪裡？」

李老闆知道人有三急，趕緊帶領他們上廁所去了。上完廁所後，這幾個人沒急著上車，而是在店裏吃飯。這觸發了李老闆的靈感，於是便有了上述的怪招。

行銷啟示：

在正常銷售手段和策略都不能奏效的情況下，有時需要用非常規的思維方法，找到突破點，出怪招。

煙台啤酒進軍上海記

在銷售過程中製造轟動效應，以吸引人們的注意，這是推銷新產品採取的常規方法。

二十世紀三〇年代初，外國啤酒壟斷了上海市場。山東煙台啤酒廠的啤酒對上海人來說還是一無所知，煙台啤酒廠的銷售人員為了打入上海市場，策劃了與眾不同的廣告戰。

他們徵得上海「新世界」遊樂場同意後，在上海各家大報紙上刊登了一則消息：定於某月某日，「新世界」按正常價格出售門票。持門票者進入「新世界」後，到櫃檯前領取由煙台啤酒廠贈送印有「煙台啤酒廠」字樣的毛巾一條，然後可以免費喝啤酒。並按喝酒的多少進行排名，前三名予以獎賞。

消息登出後，上海市萬人空巷，紛紛湧入「新世界」。南京路上人擠人，交通堵塞。狂熱的人們喝掉了四十八瓶一箱的五百箱啤酒。第二天，各大報紙都十分詳細的報導了這次喝啤酒的盛況。

沒過多久，該廠又出新招，在報紙上刊登出一條消息：定於星期日，煙台啤酒廠在半淞園內隱藏一瓶煙台啤酒，誰能找到，獎勵啤酒二十箱。這則消息又轟動了整個上海，到了星期日，半淞圓被擠得水泄不通。

由於許多上海市民參加了這兩項活動，從參加活動中得到了無窮的樂趣，因此擴大了煙台啤酒在上海的影響力。就這樣，煙台啤酒成功進駐上海。

行銷啟示：

人們喜歡參加新鮮而又有刺激的活動，煙台啤酒廠所推出的兩次活動都具有這一特點，所以產生了轟動效應，成功的打入上海市場。因此，在初期推銷時，採取有效的方法製造轟動效應是必要的。

油漆刷的故事

特利斯克給一千多個有可能成為顧客的人郵寄了油漆刷子，同時也寄去一封頗有特色的信：

朋友，您難道不願意油漆您的房子，讓貴宅換上新裝嗎？

為此，本店特地贈送您一把油漆用的刷子。

並且，本店從今天起三個月內為特別優惠期，凡是手執信函前來本店的主顧，油漆一律八折優惠。

敬請別失去好機會。

油漆店這一招拋專引玉激起了許多人的興趣，同時贏得了這些潛在顧客的信任。不久就有七百多人到店裏購買油漆，而且他們最後都成為特利斯克的老主顧。

於是，隨著越來越多的人光顧，油漆店的生意也越來越好，油漆商特利斯克也因此發家致富，成為遠近聞名的經銷商。

其實，特利斯克在紐約開了一家油漆店，剛開始生意做得並不理想。油漆商特利斯克為了吸引顧客，推銷油漆，想出了一個主意。

首先他到城市中進行了一番市場凋查，確定了一批有可能成為油漆店顧客的人，然後他給其中的五百人寄去了油漆刷子的木手柄，並附上了一封商店的商品介紹函，熱情洋溢的告訴他們：收到函件後，可以憑函件來店免費領取刷子的另一半─毛刷頭。結果呢？只有一百多人前來，雖然其中大部分除領走毛刷頭外，也買了油漆，但並沒有達到引來大批顧客的目的。

效果雖然不太理想，但畢竟有一點成績。怎樣吸引更多的顧客前來呢？特利斯克苦苦思索：油漆刷子的木柄本就不值什麼錢，扔掉並不可惜，它對顧客的吸引力也不大，顧客為此專門跑一趟未必值得。如果是一把完整的刷子，大部分的人就不一定捨得扔掉了。而且如果想買油漆的話，當然會想到贈送刷子的油漆店，如果我再稍微給予他們一點優惠，來購買的人肯定會比原來的多。於是，他採用了上述的方法。

俗語說：「捨不得孩子，套不住狼。」許多事情都是需要付出一定代價的，特利斯克深刻的體會到了這一點，成了同行業的佼佼者。

行銷啟示：

特利斯克透過贈送油漆刷子引來大批客人，獲得了成功。這告訴我們，在行銷中適當的施加小恩惠給潛在的顧客是必要的。

亞圖申斯基賣襯衫

人的心理是很有趣的，越難得到的東西越認為它是好東西，越容易得到的東西越認為它品質差。

有一年的夏天特別熱，俄羅斯某百貨商店經理亞圖申斯基的內心更熱：防寒法蘭絨襯衫大量積壓在庫房，本季度的銷售計畫肯定無法完成。

他正為此事而愁眉不展時，「每人只能買一公斤」的叫喊聲劃破這沉悶的夏日，他不禁往窗外瞧了瞧，人們在街上對面的水果店前排著長長的隊伍，等待買香蕉。賣香蕉的在櫃檯前忙上忙下。

於是亞圖申斯基計從中來。他馬上擬寫了一張公告，再三叮囑售貨員：「未經我批准許可，每人只能賣一件！」

五分鐘過後，一個顧客走進亞圖申斯基辦公室，說明要多買的原因。

亞圖申斯基用「很抱歉，我實在無能為力」，回絕了這位顧客。

顧客站在那裡不走，亞圖申斯基故意不搭理他，顧客無奈，正轉身要走，亞圖申斯基說：「好吧，賣給你三件。」

隨即寫了一張字條送給顧客。這顧客一出門，一個男人闖進辦公室大聲嚷道：「你們是根據什麼來限量出售襯衫？」

「根據實際情況」，亞圖申斯基毫無表情的回答，「我破例給你兩件吧」。

就這樣，有一個年輕人竟然在一個小時內幾進幾出，買了大批襯衫。這時，亞圖申斯基的電話鈴響個不停，亞圖申斯基有點應接不暇了。百貨商店門口竟然排起了長長的隊伍，趕來維持秩序的員警也特別高興，因為他們將能優先買一件襯衫。

到了下午，亞圖申斯基又想出一個竅門：出售襯衫送手帕。顧客雖然怨氣沖天，但仍爭相購買。傍晚，所有積壓的襯衫被搶購一空，售貨員高高興興的跑進來，對亞圖申斯基報告了這一喜訊，亞圖申斯基的臉上露出了滿意的笑容。

行銷啟示：

這是一個成功促銷的例子，是掌握了人的心理而致勝的。要讓顧客買自己的東西，如果沒有能激發他們興趣的內容，他們是不會在意的。所以說，在行銷中巧妙運用心理戰術是必要的。

總統級自行車

許多銷售菁英認為，國家政府是最優秀的「推銷員」，高知名度的政府官員就是不可多得的廣告明星。所以，真正有經驗的精明商人和企業家總是熱衷於參加政府部門主辦的各種公益性活動，借助政治推銷產品，揚名四方。

一家自行車廠瞭解到某外國總統將與夫人來國內訪問，讓他們興奮不已的是，這位總統曾經在這個國家擔任過駐外聯絡處主任，而且有一大業餘喜好—經常騎著自行車在大街小巷閒逛。

這家自行車廠認為這是一個特別好的機會，於是特地製造了兩輛色彩明亮、質地優良、款式新穎的豪華型自行車，並且透過外交部送給了總統夫婦，表示他們對總統夫婦的到來熱情的歡迎。

總統一看到這包含著友好情誼的禮物，就流露出喜悅和感動的神情，立即騎上自行車，連連誇讚說：「很好！很好！我很喜歡！」

各大電視和報社的新聞記者馬上捕捉到了這個獨特的新聞，拍下了當時熱烈的場面，並爭相報導了這一事實。

這家自行車廠隨著媒體的報導聲名遠播，在國內掀起了一股爭相購買「總統級」的自行車的熱潮。

更讓這家自行車廠的員工們高興的是，十天後，該廠陸陸續續接到了十三份來自國外的訂單。

這家自行車廠一時名聲大噪，銷售額大增，幾年後，成為世界有名的自行車廠。

行銷啟示：

經濟和政治是相互依存，不可分割的。如果你有心把生意做大，就一定要關注政治，善於從政治形勢中尋找商機和經營環境，這樣才能捷足先登。

威廉推銷地皮

有塊地皮約有八十畝，靠近火車站，交通便利。可是，附近有一家鋼鐵加工廠，打鐵及研磨機的聲音十分嘈雜。威廉是位不動產的推銷員，負責推銷這塊地皮。

沒過多久，看過地皮的史蒂芬做了一個決定，買下這塊地皮。同事感到驚訝，問威廉是怎麼把這塊地皮推銷出去的。威廉講述了推銷的經過。

首先，威廉做了調查，然後決定將這塊地推薦給史蒂芬，理由是：史蒂芬住在鬧市區，一天二十四小時生活在噪音中，史蒂芬對於噪音已經習慣，大概不會太在乎這一點。並且這塊地皮的價格、地點和史蒂芬的要求吻合。

於是，在介紹這塊地給史蒂芬時，他如實的向史蒂芬先生說明，這塊地的價錢比一般的要便宜些，但便宜有便宜的理由，就是會受到鄰近工廠噪音的干擾，其他條件都與他的要求的大概相同。

簽約時，史蒂芬對威廉說：「你特別提到噪音，其實，噪音對我不成問題。我現在住的地方有十噸大貨車的引擎聲，聲音大得可以震動門窗；而且這裡的工廠下午五點就關門了，別的推銷員介紹這塊地時，大多數人都不講缺點，像你這樣清楚的說出缺點，我反而放心。」

行銷啟示：

很多推銷員在向客戶介紹產品時，都只說產品的優點。而現在很多客戶必須先考查產品再做購買的決定。所以推銷員一味的掩飾缺點，只能適得其反。

毛姆和他的徵婚啟事

有一天，英國小說家毛姆在報紙上登了一個引人注目的徵婚啟事：

「本人是一個年輕有為的百萬富翁，喜好音樂和運動；現徵求和毛姆小說中女主角完全一樣的女性來共結連理。」

毛姆為什麼要登徵婚啟事呢？

原來，英國小說家毛姆剛開始發表作品時，一直過著窮困的生活。他的小說無人問津，即使書商想盡了辦法來推銷，情況也不怎麼樣。眼看生活越來越拮据，情急之下毛姆突發奇想，用剩下的一點錢登了這份廣告。

廣告一登，書店裏毛姆的小說一掃而空。一時之間追訂的訂單如雪片飛來，印刷廠必須加班才能應付銷售熱潮。

為此，記者採訪了毛姆，並問其出此絕招的原因。毛姆說：「我認為，看到這個徵婚啟事的未婚女性，不論是不是真有意和富翁結婚，都會好奇的想瞭解女主角是什麼模樣。而許多年輕男子也想瞭解一下，到底是什麼樣的女子能讓一個富翁這麼著迷，再者也要防止自己的女友去應徵。」

從此，毛姆的小說銷售一帆風順。

行銷啟示：

這是一個成功推銷的例子，主要是廣告宣傳做得妙，從不同角度滿足了顧客的好奇心理。在行銷過程中，使用一些看來可笑實則有效的招數往往會收到很好的效果，這些招式大都是利用顧客的各種心理的。

先買一步

菲利浦．亞默爾具有敏銳的觀察力和判斷力，在一般人的眼中看來一個也許和商業搭不上邊的事，可是在他看來卻是一個難得的商機。

菲利浦．亞默爾是美國亞默爾肉品加工公司的老闆。

初春的一天，他坐在自己的辦公室翻閱報紙，瞭解當天的新聞。突然，一則幾十個字的資訊使他高興得差點跳起來：墨西哥發現了類似瘟疫的病例！

他立即想到，如果墨西哥真的發生瘟疫，一定會從加利福尼亞州或德克薩斯州邊境傳染到美國來。而這兩個州又是美國肉品供應的主要產地，如果這兩個產地受損，肉品供應肯定會變得緊張，肉價一定會暴漲。

於是，亞默爾趕緊派家庭醫生亨利趕到墨西哥探聽情況。

幾天後，亨利發回電報，證實那裡確有瘟疫，而且非常嚴重。

亞默爾接到電報後，隨即籌集全部資金，購買加利福尼亞州和德克薩斯州的牛肉和豬肉，並及時運到美國東部儲存起來備售。

果不出所料，瘟疫很快蔓延到美國西部的幾個州。美國政府下令：嚴禁一切食品從這幾個州外運，當然也包括牲畜在內。

那段時期內，美國國內肉品十分短缺，價格一天比一天高。亞默爾趁機將購進的牛肉和豬肉售出，在短短幾個月，淨賺了數十萬美元。

行銷啟示：

世界是千變萬化的，出人意料的事隨時都有可能發生，而這些非常規的事的發生往往會給你帶來成功的機會。所以，平時多收集資訊，搶先一步做出正確的決策。

牙膏口的改裝

提高產品銷量的方法有很多，鼓勵消費就是特別重要的一個方法。給每個客人半杯啤酒的店一天只能賣出十桶，而給每個客人一杯啤酒的店一天則會賣出五十桶。一家生產牙膏的公司就深深的體會到這一點。

這家生產牙膏的公司，其產品品質優良，包裝精美，非常受廣大消費者的喜愛，銷售額連續十年遞增，每年的增長率都在一〇％到二〇％之間。可是到了第十一年，公司業績停滯不前，第十二年、第十三年也都是這樣。公司總經理為此傷透腦筋，連連召開高層會議，商討對策。

有一次在會議上，公司總裁對各部門經理說：「誰能想出解決辦法，讓公司業績增長，重獎五十萬。」

這時，有一位年輕的經理站出來，遞給總裁一張紙條。總裁打開紙條，看完，大喜，立即簽了一張五十萬元的支票給他。

那張紙條上只寫了一句話：將牙膏開口擴大一毫米。

這位經理觀察到：人們每天早晨習慣擠出同樣長度的牙膏。並據此做出推測：牙膏開口擴大一毫米，每個人就多用一毫米寬的牙膏，這樣，每天牙膏的消費量將多出許多！

於是公司立即開始更換包裝。接下來的一年，公司的營業額增加了三〇％。

行銷啟示：

從這個事例中我們可以看出，面對生活的變化，我們常常習慣於過去的思維方式和思維定勢，這樣心路就會狹窄，就無法多角度的思考問題。作為行銷人員，要想成功，必須打破常規，找到新的突破口。

兩家食品店

一個名叫沙米爾的猶太商人，是怎樣戰勝了義大利商人安東尼的？

很多年前，沙米爾移民到澳洲經商。一到墨爾本，他就開了一家食品店，而他的店對面，正好有一家義大利人安東尼開的食品店。

於是，兩家食品店不可避免的展開了激烈的競爭。安東尼眼看新的競爭對手出現，唯恐自己的生意被搶，想了好幾天，只想出削價競爭這個老掉牙的辦法。

他便在自家食品店前立了一塊木板，在上面寫了「火腿，一磅只賣五毛錢」這幾個字。

不料沙米爾也迅速在自家店門前豎起一塊木板，上面寫了「火腿，一磅四毛錢」。

安東尼見沙米爾如此，一賭氣，即刻把價錢改寫成「火腿，一磅只賣三毛五分錢」。這樣一來，價格已降到了接近成本。

想不到，沙米爾更離譜，把價錢改寫成「一磅只賣三毛錢」。

幾天下來，安東尼有點撐不住了。他氣沖沖地跑到沙米爾的店裏，以經商老手的口氣吼出了這樣一番話：「小伙子，有你這樣賣火腿的嗎？這樣瘋狂降價，知道會是什麼結果嗎？我們都會破產！」

沙米爾報之一笑，慢條斯理的說：「什麼！我們呀！我看只有你會破產。我的食品店根本就沒有賣什麼火腿。板子上寫的三毛錢一磅，連我都不知道指的是什麼東西！」

安東尼這才發覺自己上了大當，又羞又怒，但又打從心裏佩服沙米爾。

行銷啟示：

世界的文字太奇妙了，多一個字或少一個字，其意義就不太一樣了，稍不注意，就會理解錯誤。因此，作為商家，要學會琢磨文字。

原一平的讚美

讚美幾乎是百試不爽，沒有人會因此而拒絕你的。日本著名的推銷員原一平就深深體會到這一點。

有一天，原一平去登門拜訪一家商店的老闆。

「先生，您好！」原一平有禮貌的跟老闆打招呼。

「你是誰呀！」老闆問說。

「我是明治保險公司的原一平，今天我剛到貴寶地，有幾件事想請教您這位遠近聞名的老闆。」原一平笑著說。

老闆不解的說：「什麼？遠近聞名的老闆？」

「是啊，根據我調查的結果，大家都說這個問題最好請教您。」

「哦！大家都在說我啊！真不敢當，到底是什麼問題呢！」老闆笑著說。

「實不相瞞，是……」

「站著說不方便，請進來吧！」還沒等原一平說完，老闆就十分客氣的請原一平進來。

就這樣毫不費力地過了第一關，取得了準客戶的信任和好感。老闆還毫無保留的告訴原一平應該怎樣推銷自己的產品；並跟原一平簽了約。

行銷啟示：

對於商店老闆而言，有人誠懇求教，大都會熱心接待，會樂意告訴你他的生意經和成長史。而這些寶貴的經驗，也正是推銷員需要學習的。既可以拉近彼此的關係，又可以提升自己，何樂而不為呢？

蘭麗綿羊的促銷術

蘭麗化妝品公司充分利用了人們的親情做文章，按時間一步步做出來，不僅洞悉了人們的心理，還明確了人們的消費層次和消費結構，並透過一系列的廣告表現出來，因而讓人們倍感親切。這樣，一個穩定的消費群體對蘭麗產生了好感，推銷起來就十分輕鬆了。

他們第一次為蘭麗綿羊霜做廣告，廣告標題中只有「只要青春不要痘」這樣七個字。

這句話立刻抓住了少女們的心理。畫面上的女子近似「猶抱琵琶半遮面」，只露兩隻眼睛，似羞還俏，就像有「遮不住的煩惱」。

沒過多久，他們又策劃了新的蘭麗綿羊油廣告，他們告誡孕婦：「從懷孕的第三個月開始，早晚使用綿羊油，按摩腹部及乳房，能預防妊娠紋的產生及乳房下垂。」

人們又瞭解了蘭麗系列化妝品的另一個妙用。

一個月後，第三則廣告出現。畫面上的家庭主婦和意氣風發的丈夫一起送孩子上學，同時把這樣一段話告訴所有的主婦：冬天寒冷，要注意防止肌膚粗糙乾裂。外出及睡眠前用綿羊油按摩，尤其是嘴臉、手腳、足踝等特別容易乾裂的部位，可以防止肌膚免受寒風的傷害。

人們又一次從蘭麗化妝品體驗到了母親與妻子般的愛。

過了一陣子，第四則廣告與觀眾見面。一位老太太深表遺憾的告訴人們：我現在唯一的遺憾是臉上的皺紋多了些。假如能回到二十五歲前，我一定注意保養皮膚，常用綿羊油。

緊接著，在螢幕上出現一段文字：由於女性從二十五歲起，皮膚就開始走下坡路，如果這時注意滋潤營養肌膚，就能起到防止肌膚衰退、保持肌膚光澤與彈性的效果。因此，蘭麗警告人們，這是前車之鑑。

後來，蘭麗系列頗受人們喜愛，其年銷售額十分巨大。

行銷啟示：

蘭麗化妝品公司在推銷蘭麗系列化妝品時，利用合乎心理規律的累積印象廣告，針對一個個市場打開了自己的銷路。所以說，消費者的心理是我們行銷人員探討的物件。

萊克公司的「凱旋門」

有一天，一位富翁過生日，收到了數十件祝壽禮品。在這數十件禮品中竟有九〇％是萊克公司售出的，將這些禮品堆在一起，簡直成了萊克公司的「凱旋門」。

法國萊克食品公司的總裁像當年的拿破崙一樣，向眾人炫耀：

「我的錢是用一張張薄紙片換來的！」

法國萊克食品公司成功的秘訣是什麼呢？

法國萊克食品公司，主要經營一些比較昂貴的食品，在市場上的售價比較高，一般的人消費不起。

公司剛開業時，總裁認為與其開個零售門市部在大街上等人來買，還不如主動出擊，自己去找顧客。於是，他並沒有設立零售門市部，而是聘用了一批聰明、機靈、活潑的業務員，專門打聽富人的生日、婚嫁、宴請、探親、訪友等日期，以及社會關係。然後在臨近這些日期的時候，逐一上門拜訪，呈送禮單，請他們自由選購。

像這樣奇特且有創意的行銷方式，令許多富人非常感動。他們不僅自己接受了這些禮單，還紛紛向自己的親朋好友提供這一資訊。這樣，公司有了越來越多的客戶。

於是，在很短的時間內，公司就賺了不少錢。

行銷啟示：

法國萊克食品公司透過市場分析，定位好自己的產品層次及消費者的層次，然後採取與之相應的銷售方式。清楚自己的產品在市場上處於一個什麼樣的地位，然後憑藉自己處理問題能力進行具體銷售，就會出奇制勝。

美國伏特加酒的「領頭羊」

西元一九八〇年，絕對牌在美國還不出名，在美國市場上的佔有率也少得可憐，但現在它在美國市場上的佔有率卻高達六五%，名列第一，成為美國伏特加酒市場的「領頭羊」。

西元一九七八年，美國卡瑞林公司決定為代理西元一八七九年，產於瑞典的絕對牌伏特加投資十萬美元。在資金注入之前，進行了一項專門的市場調查，得出的結論是：如果代理，將絕對失敗。因為在人們的腦海中，只有俄國製造的伏特加才是正宗的伏特加，理由是伏特加酒最早誕生於俄國。

然而，卡瑞林公司總裁卻堅信自己的直覺，於是，不顧調查結果，堅決主張進入市場。

經過一番深思熟慮，首先他決定要用強勁且頗具特色的廣告賦予品牌獨特的個性。於是，一場關於「絕對」的廣告宣傳的持久戰開始了。

絕對的產品—以酒瓶為主。第一則廣告是在酒瓶上加個光環，下面的標題為「絕對的完美」；第二則廣告則在瓶身上加了一對翅膀，標題為「絕對的天堂」。

絕對的物品—將各種物品扭曲或修改成酒瓶狀。

絕對的城市—西元一九八七年，絕對牌伏特加在加州熱銷。為此，廣告人員特地修建了一個酒瓶狀的泳池，標題為「絕對的洛杉磯」，以感謝加州消費者對此酒的厚愛。接著還推出了「絕對的西雅圖」、「絕對的邁阿密」等佳作。

絕對的藝術—一位波普藝術大師率先為絕對酒瓶作畫，製成廣告，為絕對牌塑造了一個全新的形象。隨後，相繼有三百餘位作畫的藝術家與卡瑞林公司簽約。

絕對的節目、絕對的驚人之舉—為營造聖誕節氣氛，絕對牌的廣告暗藏玄機，或塞一副手套、一雙絲襪，或放一塊能以四國語言祝賀節日的晶片。

絕對的口味—除了以藍色為標準色的純伏特加外，絕對牌伏特加還有柑橘等多種口味。

幾十年來，卡瑞林公司一直在廣告中採用這種「標準格式」（瓶子加兩個詞的標題），製作了五百多張平面廣告。

雖然「格式」不變，但廣告運作的主題卻多達十二類—絕對的產品、物品、城市、藝術、節日、口味、服裝設計、主題藝術、歐洲城市、影片與文學、時事新聞等等。

就這樣，卡瑞林公司運用有創意的廣告做宣傳，使絕對牌伏特加在同行業中佔據絕對優勢。

行銷啟示：

從卡瑞林公司的成功中可以看出，優秀的系列廣告往往中心突出，體現出「總體相同，卻又總是不同」的廣告創意哲學，這就是絕對牌伏特加成功行銷策略給我們的最重要的啟示。

富貴無邊

任何一件商品都不可能是十全十美的，不同的顧客對不完美的商品有不同的理解和感受，但這並不足以影響你的行銷效果。

有一位商人想買一幅畫送給朋友當做生日的禮物，於是他走進了一家精品店，商人告訴店老闆他想要一幅最漂亮、最有深度的畫，送給朋友當賀禮。

店老闆仔細打量著面前這位衣著整齊乾淨的人，說道：「牡丹代表大富大貴，意義又簡單明瞭，那就送他一幅牡丹的畫作吧！」

商人覺得有道理，於是就買了一幅牡丹畫，帶了回去。

在朋友的生日聚會上，商人高興的將購買的那幅牡丹畫展示出來，所有人看了，無不讚嘆這幅惟妙惟肖的畫作。當商人正為自己送的賀禮而自豪時，突然有人說：「嘿！你們看，這真是太沒誠意了，這幅牡丹畫最上面的那朵花，沒有畫完整，這不就是代表『富貴不全』嗎？」

此時在場的所有貴賓都看見了，而且都認為牡丹花沒有畫全，的確有「富貴不全」的缺憾。

最難堪的莫過於這位商人了，只怪當初自己沒有仔細檢查這幅畫，原本的一番好意，反而在眾人面前出醜了，而且這個事實又無法改變。

這時候，主人見狀，站出來說話了，他深深地感謝這位商人：「我很高興，在我生日時。收到了一幅意義深遠的牡丹畫，在此，我表示對這位仁兄的衷心感謝。」

大家都覺得莫名其妙，送了一幅這麼糟的畫，還要道謝？

主人解釋說：「各位都看到了，最上面的這朵牡丹花，沒有畫完它該有的邊緣，牡丹代表富貴，而我的富貴卻是『無邊』，他是在祝賀我『富貴無邊呀！』」

真是太巧妙了！眾人聽了無不覺得有道理，情不自禁的都鼓起掌來，認為這真是一幅十分具有深意且完美無比的畫作。

商人是在場的賓客中唯一感受到兩種不同處境的人，他暗地佩服這位主人的智慧。

行銷啟示：

即使再優質的商品，也難免會有缺陷，就看推銷員如何不被外人的想法影響，來解釋這樣的不圓滿。

無聲的推銷

讓產品先接近顧客，讓產品做無聲的介紹，讓產品默默的推銷自己。這是里克的推銷術。

里克是一家兒童用品公司的業務員，他的工作主要是推銷一種新型鋁製輕便型嬰兒車。

有一天，他走進一家商場的商品部，發現這是他所見過的最大的一個營業部，經營規模相當大，各式各樣的童車一應俱全。

他的直覺告訴他這將是一個很大的潛在客戶，便懷著十分激動地心情打聽到了商場負責人的名字。

為了進一步核實，他又向女店員打聽負責人的工作地點，女店員毫不猶豫的告訴他商場經理的辦公室所在的地方。

當他前腳踏進辦公室，來不及向經理打招呼，經理毫不客氣的問：「喂，你是誰啊？我從來沒有見過你，找我有什麼事？」

里克卻一句話也沒說，不慌不忙的把自己輕便的嬰兒車遞給了他。

經理又問價錢，里克還是一言不語，把預先準備的一份內容詳細的價目表放在了經理的桌上。

經理把內容看完，便將嬰兒車翻來覆去擺弄了一會兒後，對里克說：「先給我來六十輛，全部都是要藍色的。價錢按價目表所標示的價格。」

里克問經理：「您不想聽聽產品介紹？」

經理笑著說：「這件產品和價目表已經很清楚的告訴我需要瞭解的情況，這正是我所喜歡的購買方式。請隨時再來，和你做生意，實在痛快！」

由於這家商場特別大，銷量特別大，沒過多久，里克成為這家公司最優秀的業務員。

行銷啟示：

傳統的推銷方法是有聲的，而里克運用無聲推銷法即產品接近法，也取得了很好的效果。從中可以看出，現在人堅信「事實勝於雄辯」，相信自己親眼所見。所以，產品接近法也是很好的推銷術。

齊藤竹之助的推銷

日本著名的保險推銷員齊藤竹之助剛開始推銷時也不順利，其中有一張保單是花了三年的時間才簽下。

有一天，齊藤竹之助向一家企業推銷企業保險，一連拜訪了好幾個負責人都無功而返。齊藤竹之助心想：「傷其十指，不如斷其一指。於是，集中一個目標─該公司的財務科長。」

誰知，財務科長根本不願意與他見面，他去了好幾次，對方都以公事繁忙為由，不搭理他。齊藤竹之助並不因此放棄，一面堅持電話約訪，一面堅持登門拜訪。

一個多月後，對方終於動了惻隱之心，答應接見他。

齊藤竹之助於是向這位科長介紹了具體的保險方案，誰知財務科長剛聽了一半就說：「這種方案，不行！」

齊藤竹之助無奈，回去後，又對方案進行反覆推敲、仔細修改。第二天上午又去了財務科長的辦公室。對方再次以冰冷的語氣告訴他，這樣的方案，無論他制訂多少次都沒用，因為該公司根本沒有繳納保險的預算。

從這以後，齊藤竹之助開始了長期、艱苦的推銷訪問，前後大約跑了三百次，整整持續了三年。

齊藤竹之助從公司到顧客的公司來回一趟需要四個小時，一天又一天，他抱著厚厚的資料，懷著「今天肯定會成功」的信念，不停地奔波。

三年後，這位財務科長被感動了，跟齊藤竹之助簽約。

行銷啟示：

齊藤竹之助推銷保險，不僅是一個方法的問題，更是毅力的考驗。其實，每次成功的推銷都不是一蹴而就的，在成功的背後都有難以言語的辛酸。所以，當我們在進行推銷時，我們也要具有這種毅力和恒心，去勇敢面對我們所遇到的困難。

十分鐘的推銷

有一天，一位領帶推銷員來到某百貨公司，他首先遞給經理一張便條，上面寫著：「你能否給我十分鐘時間，就你公司的一個經營問題提一點建議？」

這張便條引起了經理的好奇心，他答應接見推銷員。推銷員一進來，就拿出一種款式新穎的領帶給經理看，對經理介紹：

「這種領帶使用了一種特殊的香料，這種香料價格十分昂貴，而且製作工藝比原來的複雜十倍。因此，戴著它，人渾身會散發一種淡淡的香味，令人心情愉快，深受年輕人喜歡。鑒於你經營領帶已許多年，經驗豐富，我請你報一個公平合理的價格。」

經理仔細的端詳這件產品，感覺它的確是一件與眾不同的產品。推銷員看到他對這條領帶愛不釋手，突然對他說：「對不起，時間到了，我說到做到，說十分鐘就十分鐘，不能再耽誤你的時間，我走了。」

說完，拎起皮包就要走。

經理急了，要求再看看那些領帶。最後，他按照推銷員所報的價格訂購了大量的貨，而且，這個價格僅僅略低於經理所要的價格。

經理秘書得知這一消息時，非常納悶：經理曾多次拒絕接見這位領帶推銷員，原因是該店已經有一家固定的領帶供應商，經理認為沒有理由改變固有的合作關係。

其實，只要有心，再堅固的城堡也能攻克。

行銷啟示：

這位推銷員讓經理先好好的看貨，有點意思之後，就藉口說自己要離開，這時讓對方有一種心理緊迫感，因而很快做出購買的決定。這次推銷能成功，是因為人們往往有逆反心理：越是得不到的越想得到。所以，在推銷時，不能忽視人們的這種心理。

藤田推銷空氣清淨器

推銷員把顧客差不多說動了，只是因為顧客不知道他所推銷的產品的功能如何才沒買。如果你是推銷員，你將會怎麼做呢？藤田在這方面表現的很出色，在推銷完成之後把自己的角色轉換成一個局外人，讓顧客來評論這次活動的失敗原因，從中瞭解顧客不想購買的真實原因，知道自己還有哪些需要改進的地方。

藤田是一位空氣清淨器的推銷員，有一天，他去一家公司推銷他的空氣清淨器。他對這家公司的總經理說：「貴公司有很多部的電腦同時工作，來來往往的人也很多，您覺得這樣的空氣乾淨嗎？」

見總經理點頭表示贊同，藤田接著說：「據我瞭解，在空氣品質不好的情況下工作，一會降低工作效率，二會影響身體健康。我今天就給您帶來了新鮮乾淨的空氣，這是一台嶄新的空氣清淨器，它可以使您的辦公室成為一個天然的森林。」

藤田說了很多擁有空氣清淨器的好處，但最後的結果是，這位總經理很遺憾的告訴他目前他不打算買。

無可奈何，藤田只好把自己的產品收起來，並把文件、工具放回公事包裏，準備起身離開總經理的辦公室。當他走到門口時，有點不甘心，回過頭來，對總經理說：「不好意思，我最後一次請求您，假如您能回答，我會非常感謝您，因為您的回答對我很重要。」

總經理好奇的望著他，說：「什麼問題呢？」

「我今天沒有做成生意，這並不重要。我不可能得到每個人的生意，我曾經希望您會買下它，是因為我們的產品確實適合您的需要，然而您還是選擇不買它，我很難過。因為我沒有好好的解釋，讓它的優點顯現出來。假如您可以指正我的錯誤，指出我身為一名業務員不夠盡職的地方，下次當我拜訪其他客戶時，這將會對我有很大的幫助。」

總經理聽藤田這麼一說，不由自主的聲明：「這並不是你的錯，我不想買是因為我不敢確定它是否有效。」

於是，藤田知道這位總經理拒絕的原因了。

「那很容易，我可以先讓您免費試用兩天，如果可以就留下來，如果沒有效，我再拿走。」藤田爽快的說。

後來，總經理決定留下產品試用兩天。第三天，藤田來到總經理辦公室時，總經理讓會計過來跟藤田結帳，買下了空氣清淨器。

行銷啟示：

從這個事例我們可以看出，推銷也是一個心理攻勢，首先要想辦法瞭解顧客不想購買的真實原因，知道自己還有哪些需要改進的地方，再採取相對的策略。

東芝公司和彩色電扇

怎麼樣讓自己的產品在同類中脫穎而出呢？尤其是當市面上都充斥著差不多的東西的時候。有的商家靠價格，有的靠宣傳，還有的靠推銷。其實，這些方法都不太妥當，並不是商品真的賣不動，而是由於廠商太多，市場的需求是一定的，平均到每個廠商的銷量就小了。

因此，我們的產品要顯得與眾不同，別具一格，讓顧客都注意到我們的產品。東芝公司在賣電扇時，就有效利用這種方法。

世界上生產的第一台電扇是黑色的，後來也就形成了一種慣例，公司生產的電扇都是黑色的，好象不是黑色的就不能被稱作是電扇。久而久之，在人們的大腦中就形成電扇是黑色的這個概念。

西元一九五二年，日本東芝電氣公司有大量的電扇積壓在倉庫裏。公司七萬多名員工為打開銷路傷透了腦筋，採取了許多辦法，可惜進展仍然不大。最後，公司的董事長石阪先生宣布：「誰能夠讓公司走出困境打開銷路，就把公司一〇%的股份給他。」

重賞之下必有勇夫，這時，一個最基層的小職員向石阪先生提出：「為什麼我們的電扇不可以是其他的顏色呢？」石阪先生十分重視這位小職員的建議，特別為小職員的這個建議召開了董事會。

經過一番認真研究之後，公司採納了這個建議。第二年夏天，東芝公司就生產了一系列的彩色電扇。這批電扇一推出就在市場上掀起了一股購買熱潮，短短幾個月之內，賣出了幾十萬台。從這以後，在世界上任何一個地方，電扇都不是一副黑色的尊容了。

同樣品質的電扇，不同的顏色，其命運就大不一樣了。東芝公司大量積壓滯銷的電扇一下子就成了搶手貨，企業也擺脫了困境，效益更是大大增長。而改變顏色這一設想，並不需要有高深的專業知識，也不需要有多麼豐富的商業經驗，為什麼東芝公司的上層領導們沒有想到？為什麼日本以及其他國家的成千上萬的電器公司的菁英沒有想到？為什麼竟讓一個小職員想到了？

這顯然因為自有電扇以來電扇就是黑色的，雖然沒有一部法律明文規定電扇必須是黑色的，但人們的思維已經成了一種定勢，認為電扇就是黑色的，這是理所當然的，相反，如果不是黑色的就不能叫做電扇。而這位小職員沒有被這種思維定勢的所束縛，大膽提出了「把黑色電扇改為彩色電扇」這一創新構想，從而使我們的生活變得更加豐富多彩。

行銷啟示：

一種新產品的成功上市，往往會吸引許多其他廠商生產這種產品，而且不改變其摸樣。漸漸地，人們形成了對這種產品的外形的固定看法。作為一個企業家，只有跳出這種固有的模式，創造出讓人耳目一新的樣式，才能立於不敗之地。

老年夫妻和兩處墓地

一對老年夫妻身體健康，無病無痛，從來沒考慮過身後的事。讓人納悶的是：不久前，他們突然買了兩處墓地。

前不久，一位叫張文的墓地行銷人員去登門拜訪這對退休在家的老年夫妻。

當張文一說起墳墓之事，老兩口就直搖頭，沒好氣的拒絕：「彩頭不好，不吉利，再說啦，我們現在根本不需要。」

張文告訴他們：「這塊墓地是本地環境最優美的地方之一，有高山、流水、樹林、陽光，風水非常好。」

見他們不出聲，張文接著說：「有許多三、四十歲的中年人都買了。你們二老辛苦了一輩子，為兒女操勞了一輩子，我相信你們一定希望百年後有一處棲身之所，而這就是你們最好的歸宿和選擇。」

老年夫妻顯出不耐煩的樣子，張文停了片刻又說：「由於這塊墓地價格低廉，非常暢銷，公司決定從後天開始暫停發售，公司將在現有價格的基礎上漲二〇%，機會難得，我真希望你們不要錯過。」

這時，做丈夫的幫妻子理了理衣服。

張文靈機一動，說：「我們公司昨天推出了一個方案，那就是『天長地久，永不分離』，我想這是許多恩愛夫妻的願望。生住在一起，死也要住一起，而且這樣還可以享受八折優惠。」

說著說著，兩位老人家心動了，答應買兩處墓地。第二天下午，他們去看了墓地，並付了款。

行銷啟示：

搞科學的需要細心觀察，做銷售的也需要細心觀察，一位成功的銷售人員往往善於發覺顧客隱而未現的願望，然後推出能幫他們實現願望的產品，同時也達到自己的目的。

激開第一扇心門

人們驚奇的發現：一位綽號叫「老頑固」的總經理成了夏目志郎的顧客。夏目志郎是怎樣打開這位「老頑固」的心門的？

有一次，日本推銷大師夏目志郎登門拜訪這位綽號叫「老頑固」的總經理。無論夏目志郎怎麼滔滔不絕，怎麼巧舌如簧，他就是默不吭聲，毫無反應。

夏目志郎認為：這是自己第一次接觸到這樣的客戶，一定要積極迎接挑戰。於是，他改變了策略，大膽運用了激將法。

夏目志郎也裝著十分生氣的說：「把您介紹給我的人說得一點也沒錯，您任性、冷酷、自私、嚴格、沒有朋友。」

這時，這位頑固的總經理臉「唰」地一下變得通紅了，用眼睛看著夏目志郎。

「我研究過心理學，依我的觀察，您是一位面惡心善、寂寞而軟弱的人，您想以嚴肅和冷淡築一道牆，以防止外人侵入。」夏目志郎接著說。

這時，他露出了笑臉，說：「我的確是一個軟弱的人，許多時候我無法控制自己的情緒。我今年七十六歲，創業成功五十年，我是第一次見到像你這樣直言不諱的人，你很有個性。是的，我很軟弱，我拒絕別人是為了保護自己，不讓別人靠近我。」

「我想這是錯誤的。您知道漢字『人』是怎麼寫的嗎？『人』這個字，包含著人與人之間相互依存、相互信任的意思，任何生意都是從人與人的交往中產生。人不必化裝，因為虛偽的面具會讓人感到恐怖，會成為交往的障礙。」

他們越聊越投機，相互產生了信任感，最後成了好朋友，這位綽號叫「老頑固」的總經理成了夏目志郎的顧客也是理所當然的事。

行銷啟示：

推銷無處不在，顧客也無處不在，看你是否善於用「腦」。你可能順著推不開，但有可能反著撞得開。只要是扇門，就有打開的方法；只要是顧客，就有打開他的需求之門的辦法。俗話說得好：不打不成交。在推銷時，使用激將法也可能成為明智之舉。

巧妙解釋「純」

施麗茲啤酒在短短六個月內，從啤酒市場的第八名躍升為第一名，這成為啤酒行業的一段佳話。

在上個世紀二〇年代，在美國有十家大的啤酒商在競爭。當時施麗茲啤酒表現的並不是很好，其業績在這個激烈競爭市場中排名第八。

當時，大部分的啤酒商向顧客傳達一樣的資訊：我們的啤酒最純。但他們並沒有介紹「純」在什麼地方。

施麗茲啤酒也不例外，由於業績不佳，該公司特別邀請了一位市場行銷專家當顧問，希望透過他能改變銷售狀況。

這名顧問親自到啤酒廠跑了一趟，清楚的知道了施麗茲製造啤酒的原料及流程。施麗茲啤酒製造廠設在密西根湖畔，湖水十分清澈，但即使有清澈乾淨的湖水，他們還是鑽了兩個二百公尺深的水井。原來，他們要鑽到足夠深，找到最好的水質，將其中的礦物質調到完美的地步，以釀造世界上最好的啤酒。

他們在五年之內進行了一千六百多次實驗，以驗證及開發出最好的酵母，釀造最豐富的酒感及令人陶醉的香味。他們的釀製程序也相當講究，水被加熱到一百度，然後冷卻下來進行凝結，然後再加熱到一百度，然後再冷卻，這樣的程序要重複三次。

他們的裝瓶程序也都有特別嚴格的標準，每一個瓶子都用攝氏六百度的蒸汽殺死微生物及所有細菌，以免它們污染啤酒。每一批啤酒在出廠前都經過十分嚴格的測試，以確定啤酒既純又醇，最後才裝瓶送出廠。

這名顧問對啤酒的高標準釀製過程大為歎服，他告訴施麗茲的管理階層：

「應該將這些不同尋常的釀製啤酒方法告訴顧客。」

而施麗茲的管理階層的反應則是：「為什麼我們要這麼做？所有的啤酒商都是做同樣的事啊！」

這位顧問具有先發制人的市場行銷概念，他說：「和你同行業的還沒有人這樣做過。第一個說出故事，並且解釋原因及過程的人，在市場上將會處於明顯的領先地位。這就是行銷學所謂的領先法則。」

於是，管理層採納了他的意見，在廣告宣傳中，他們突出強調啤酒的製造過程。顧客在看到有關施麗茲啤酒釀造及裝瓶的過程後，認識到「純」這個字對於啤酒的不同凡響的意義，從而對施麗茲啤酒產生了特別好的感覺。

這樣，施麗茲啤酒在啤酒市場搶佔了有利地位。

行銷啟示：

大家都知道商場如戰場，所以在商業競爭中運用「先發制人」是十分有效的。施麗茲是第一，也是唯一突出自己啤酒的製作流程的啤酒商，結果贏得了廣大顧客的信任，於是，變劣勢為優勢，迅速擴大了市場佔有率，佔據了啤酒市場的有利地位。

威廉・懷拉的笑容

有時候成功就來自對一個笑容的堅持，對顧客來講，推銷員富有魅力的笑容是最好的見面禮。

威廉・懷拉是美國推銷保險的頂尖高手，年收入高達百萬美元。他成功的秘訣就在於擁有一張讓顧客無法做出拒絕決定的笑臉，但他那張迷人的笑臉並不是與生俱來的，而是長期苦練出來的。

威廉原本是全美家喻戶曉的職業棒球明星球員，到了中年，因體力日衰被迫退休，此後他去應徵保險公司推銷員。

他想當然的認為：以自己的知名度，理應被錄取。卻未料到竟被拒絕。

人事經理拒絕他的理由是：「保險公司的推銷員必須有一張迷人的笑臉，而你卻沒有。」

聽了經理的活，威廉沒有氣餒，他下決心要苦練笑臉，於是，每天在家裏放聲大笑一百次，鄰居都誤認為他因失業而神經失常。為避免誤解，他乾脆躲在廁所裏大笑。

經過一個月的練習，他去見經理，可是經理還是說：「不行。」

威廉毫不放棄，仍舊堅持苦練。他四處搜集了許多公眾人物迷人的笑臉照片，貼滿屋子，以便隨時模仿。

他還買了一面比自己還高的大鏡子，擺在廁所裏，每天進去大笑幾次。這樣不久，他又去見經理，經理面無表情地說：「好點了，不過還是不夠吸引人。」

威廉不服輸，回去更加努力的練習。有一天，他散步時碰到社區的管理員，很自然的笑了笑，對管理員打招呼。管理員驚訝地對他說：「威廉先生，你看起來跟過去不太一樣了。」

這句話讓他信心倍增，馬上又跑去見經理。經理回答：「確實有點味道了，不過那仍然不是發自內心的笑。」

威廉不死心，又回去苦練了一段時間，終於悟出：發自內心，如嬰兒般天真無邪的笑容最迷人。

就這樣，威廉練成這張價值百萬美元的笑臉，成了世界聞明的推銷員。

行銷啟示：

威廉從一個全美家喻戶曉的職業棒球明星球員，變成世界聞明的推銷員的秘訣是：讓微笑成為交易的第一炮擊手。因此，我們要竭力學會微笑，並將微笑帶給每一個人，這樣便掃平了交易的的第一道障礙，為你成功的交易提供了更多的機會。

十二封廣告信函

商業與人情味必須始終保持必要的聯繫，在激烈的競爭中商業排斥人情味，但在爭奪潛在的顧客時又需要人情味。喬伊・吉拉德是世界上最有名的行銷專家，被稱為「世界上最偉大的推銷員」。在推銷史上，他獨創了一個巧妙的促銷法，被人爭相效尤。

吉拉德創造了一種有節奏、有效率的「放長線釣大魚」的促銷法，就充滿了人情味。他心想：所有已經認識的人都是自己潛在的客戶。為了爭取這些潛在的客戶，吉拉德每年寄出十二封廣告信函，每次均以不同的色彩和形式投遞，並在信封上不使用與他的行業有關的名稱。

一月份，他的信函是一幅精美的喜慶氣氛圖案，配以幾個真誠祝福的文字，下面是一個簡單的署名—雪佛蘭轎車，喬伊·吉拉德。此外，再無多餘的話。

二月份，信函上寫的是：「請你享受快樂的情人節」這幾個字，下面仍是簡短的簽名。

三月份，信中寫的是：「祝您聖巴特利庫節快樂！」聖巴特利庫節是愛爾蘭人的節日。也許他的客戶是波蘭人或捷克人，但這並不重要，關鍵是他不忘向客戶表示祝福。

接下來是四月、五月、六月……

不要輕視這幾封信，它們所起的作用可不小。許多客戶一到節日，就會問夫人過節有沒有人來信。

「喬伊·吉拉德又寄來一張卡片！」

這樣，喬伊·吉拉德每年就有十二次機會，使自己的名字在喜悅的氣氛中來到每個家庭。

於是，喬伊·吉拉德爭取了許多潛在的顧客，為他後來的推銷鋪平了道路。

行銷啟示：

喬伊·吉拉德沒直接說一句「請你們買我的汽車」，但正是這種不講推銷的推銷，反而給人們留下了十分深刻、十分美好的印象，等他們準備買汽車的時候，往往第一個想到的人就是喬伊·吉拉德。所以說，自吹自擂式的推銷，並不是最高明的方式。

以退為進

推銷員如與顧客進行激烈的爭辯時，不僅贏了推銷不出去，輸了同樣也不能成功推銷。因此，對於推銷員而言，最好的辦法就是心氣平和的與顧客進行交談。

約瑟夫．艾利森是威斯汀豪斯電器公司的推銷員，他費了特別大的勁才向一家大工廠銷售了幾台發動機。

幾個星期後，他又一次前往那家工廠推銷，本以為對方會再向他訂購幾百台的。出乎意料的是，那位負責人一見到他，就對他說：「艾利森，我不能再從你那裡買發動機了！因為你們公司的發動機太不合乎標準了！」

艾利森驚訝的問：「哪裡不合乎標準？」

「因為你們的發動機特別燙，燙得連手都不能碰一下。」

艾利森認為和對方爭辯沒有任何好處，於是他連忙說：「史賓斯先生，我完全同意您的意見，如果發動機發熱過高，應該退貨，是嗎？」

「是的。」史賓斯答道。

「自然，發動機是發熱的，但您當然不希望它的熱度超過全國電工協會規定的標準，對嗎？」艾利森接著說。

「對的。」史賓斯又答道。

艾利森停了一下，若有所思的說：「按標準，發動機可以比室內溫度高華氏七十二度，對嗎？」

「對的。但你的產品卻比這高出很多！」史賓斯有點不高興的說。

艾利森沒有爭辯，只是問說：「您工廠的溫度是多少？」

「大約華氏七十五度。」

艾利森暗喜：找到了解決問題的突破點。繼續說：「工廠是華氏七十五度，加上應有的華氏七十二度，一共是華氏一百四十七度。如果您把手放在華氏一百四十七度的熱水龍頭上，一定會感到燙手吧！」

史賓斯不得不再一次點頭稱是。

「好了，以後您不要用手去摸發動機了。放心，那完全是正常的。」

結果，艾利森又做成了一筆生意。

艾利森告訴他的同事，他費了多年的時間，在生意上損失了無數後才做到「以退為進」。

後來，他運用這種方法做成了不少的生意，成為行銷高手。

行銷啟示：

這個事例告訴我們，爭辯是不行的。應以退為進，先站在別人的角度看問題，讓別人無意識透露對產品的錯誤看法，然後主動出擊，讓客戶不得不點頭稱是，這樣才能獲得更多的好處，獲得成功。

一捶定交

在推銷過程中，要成功達到推銷的目的，或用巧妙的解說詞，或用獨特的畫面，或讓顧客親眼所見，或親手驗證產品本身的優良品質，以博取客戶的信任。

有一個銷售安全玻璃的推銷員，他的業績一直都保持整個區域的第一，在一次頂尖業務員的頒獎大會上，主持人問他用什麼獨特方法讓他的業績維持第一時，他毫不保留的說：「每當我拜訪客戶時，我的包包裏總放著許多裁成五公分見方的安全玻璃，並隨身帶著一把小鐵鎚。在推銷過程中，我都會問他們：你相不相信安全玻璃？」

他喝了一口水，接著說：「當客戶說不相信的時候，我便把玻璃放在他們面前，拿鐵鎚一敲。這時，許多客戶都大吃一驚，同時他們發現玻璃真的完好無缺。然後他們都感到十分驚訝，忍不住說：「天呀，真不敢相信。」這時候我就會問他們：「你想買多少。」直接進行交易，整個過程花費的時間不超過五分鐘。

這篇報導登出來不久，絕大部分銷售安全玻璃的推銷員出去拜訪客戶的時候，都會隨身攜帶安全玻璃以及小鐵鎚。

但過了一段時間，他們發現這個推銷員的業績還是保持第一名，他們感到十分奇怪。在另一個頒獎大會上，主持人又問：「我們的業務員現在都按照你的方法做，可是為什麼你的業績還是位居榜首呢？」

他面帶著微笑說：「我的秘訣十分簡單，我知道大家一定會模仿我，所以我再到客戶那裡推銷時，唯一做的事情便是把玻璃放在他們桌上，問他們是否相信安全玻璃。當他們說不相信的時候，我把玻璃放到他們面前，並把鐵鎚遞給他們，讓他們親手敲這塊玻璃。」

行銷啟示：

第一次採訪前，這位推銷員自己當著顧客的面前敲玻璃，當他知道別人會模仿他時，便讓顧客親手敲，這樣，顧客便更加真切地感覺到他所推銷的產品的優良品質，從而毫無顧忌的買他的產品。因此，在推銷時，首先用最能博取顧客的信任的方法是很好的。

「金利來」的由來

從金利來的由來可知：好的品牌是成功銷售產品的一半。

曾憲梓剛開始製作領帶時，尚未建立自己的品牌，而是沿用德國領帶原料廠商隨件發送來的統一商標「金必利」和「多必留」。曾憲梓的本意是：讓顧客知道這些領帶的原料來自於德國，品質優良，做工精細，屬高級領帶，同時也是為了自己生產方便。然而，當他拿著這些優質領帶推銷時，遭到了絕大多數百貨公司的拒絕：「本公司不要香港貨。」

曾憲梓困惑不解：自己生產的領帶在做工、品質和檔次上都不比外國貨遜色，且價格也便宜得多，為什麼不受港人的歡迎呢？難道香港貨真的低人一等？

沒過多久，一家百貨公司的董事長終於對他說出了實話：「我們不要香港貨，就是做的再好，也不會要。你想想，一個沒有名牌的商品，就是要了也沒用，最後還是賣不出去。」

於是，在相當長的時間裏，曾憲梓細心研究外國名牌領帶的特點，並思索如何為自己的領帶建立一個能夠為大眾喜歡的品牌。

有一次，曾憲梓帶了兩條「金獅」牌領帶到一個朋友家，這位朋友開始還高高興興地接過去，但當他一看見領帶的牌子是「金獅」時，立即將領帶還給了曾憲梓。

曾憲梓不解，問其原因。

他回答說：「香港人喜歡吉祥如意的東西，特別介意字的發音。領帶的名字為『金獅』，廣東話的發音為『金輸』，意思為金都輸掉了，非常不吉利，沒人願意買。」

朋友的話點醒了一直忽略商品名字的曾憲梓，於是他開始思索：應該給領帶取一個什麼樣的名字呢？

「金利來」這個後來家喻戶曉的名字，是他到澳門遊玩途中，突然想出來的。從澳門回來後，他馬上將剛剛想出的「金利來」和它的英文名字「GOLDLION」及設計好的商標一起註冊。

從「金獅」到「金利來」的轉變，意味著曾憲梓的事業來了一個質的飛躍。很快，很多的百貨公司都擺上了他生產的高級領帶。

行銷啟示：

許多成功的經營管理者在產品還沒有設計、生產之前，就已經取好了名稱，給產品樹起了一個響亮的品牌。由於一個好的名稱能引起顧客美好的聯想，因此產生好感，形成對這一品牌的信任。所以說，一個好的品牌也是一種行銷力。

四季飯店的特色服務

為顧客服務不僅僅是重視給顧客提供的本職服務，更值得重視的是滿足顧客最迫切的要求，急顧客之所急，幫助他們解燃眉之急。這在如今服務性社會中，尤為重要。

全球著名的一流連鎖飯店—四季飯店對顧客需求和提出問題的反應十分敏捷，真正做到了「急顧客之所急」。在四季飯店，對員工而言，為顧客服務是工作的全部，每位四季飯店的員工都急顧客之所急，這不是一項制度而是一種習慣。

一家諮詢公司經理，在這家飯店的經歷就充分說明了這一點。

這位經理是芝加哥博物館董事會成員，這家博物館請到了(美國總統)雷根夫人南茜在資金籌措會上演講。他在辦公室裏緊張地忙碌了一天之後，來到了四季飯店。

他留意到進入寬闊豪華的大廳的人都穿著正式的服裝，而他還穿著上班的服裝，可是當時已經沒時間回家換衣服。當他站在門口正在想應該怎麼辦時，接待人員注意到他臉上遲疑的表情，就走上前去問他：「先生，我能為您提供服務嗎？」

在經理說明原由後，接待人員笑著說：「別擔心，有位侍者今天沒上班，如果您穿他的晚禮服，他不會介意的。」

但是當他兩人來到更衣室時，他們只找到了一件乾淨的襯衫，晚禮服已經被拿到洗衣房。經理感謝接待人員給他的幫助，但感激之餘，又有點遺憾。

接待人員接著說：「如果您不介意的話，您可以穿我的晚禮服。」

他一邊說著，一邊開始脫衣服。可是這位接待人員的衣服比經理的大兩號，他試圖把袖子和褲腿釘住，儘量使衣服看起來合身。但這一切都於事無補，於是他立即給飯店的裁縫師打電話，讓裁縫師立即趕來，當場修改衣服。

就這樣，經理及時站到了歡迎的隊伍裏。當這位經理回來時，發現自己的套裝已經熨燙好，整齊的掛在衣架上。

經理十分感激這位接待人員，把口袋裏的現金拿出來，但接待人員一分錢也不肯接受。他一再的說：「自己只是在做份內的工作，為顧客服務、解決顧客的燃眉之急是自己應該做的。」

「但我並不是你們的客人。」這位經理解釋說，「我只是從外面的大街上走進飯店。」

接待人員回答說：「哦，也許有一天您會成為我們的客人。」

經理被他的真誠服務打動了，並從內心接受了這家飯店，後來他經常光顧四季飯店。

行銷啟示：

人與其他動物最大的不同就是有感情，正因為如此，作為服務行業的人員就要用心為顧客服務，設法洞悉顧客的所需，提供令顧客最滿意的服務。

變傳統銷售為直接銷售

在企業管理中，當激烈的競爭給企業帶來巨大的壓力時，管理者首先應該抓緊時間完善、推出自己的產品，而不是從內部給企業增加壓力：對員工大聲責罵一通。此時，快也就是速度，特別重要。只有越快的解決危機才能越快的使企業佔據有利地位，當然，要快的有章法，不能盲目追求速度而丟掉了品質。

戴爾認識到：網際網路使資訊交換的數量和速度劇增，使組織層級扁平化，並整合了全球性的運作。而且，隨著流覽器和伺服器技術的不斷提高，網上交易的需求量也在與日俱增。因此，西元一九九四年六月，戴爾決定推出「戴爾網站」，在這個網站裏，不僅包含技術資源的資訊，還有尋求支援的電子郵件信箱。

沒過多久，戴爾公司又在網上推出了線上組裝即在「戴爾網站」訂貨的顧客，可以按自己的需要選擇一套電腦系統，加上或刪除不同的零部件，網站馬上可以根據顧客的需求算出這套系統的最低價格。

戴爾公司利用網路來拓展生意時，以簡化交易的過程、降低交易的成本和加強公司與顧客的關係，作為自己的三個基本目標。

戴爾希望網路可以成為戴爾公司整個企業系統的關鍵，為了便於更迅速、更直接的和顧客打交道，他決定不僅僅將網路運用於銷售與組裝系統，還把網路科技全面應用到戴爾公司的資訊系統上。

戴爾說：「網際網路遲早會像電話一樣，成為每個人不能缺少的資訊工具。」

隨著網路技術的進步，電腦的價格更加便宜，互聯網也隨之走進了一般老百姓家。互聯網將逐漸模糊傳統上供應商和製造商，與製造商和顧客之間的界線；其真正的潛力，在於促使傳統的「供應商—零售商—顧客」的關係轉變為「供應商—顧客」的直接模式。

戴爾已經洞悉到：網路會徹底改變公司行銷的基本方式，網路是戴爾公司行銷品牌的絕佳商機。對戴爾公司而言，網路是直接銷售模式的最好的延伸。

由於直接交易具有非常大的優點，西元一九九七年，賈伯斯重新接管蘋果電腦沒多久時間，便開始大力整頓並宣布將採用直接銷售的方法。與此同時，IBM和康柏也相繼宣布要加入直接銷售的行列。面對這些強有力的對手，戴爾公司並沒有驚惶失措，而是以不變應萬變，繼續以顧客至上為宗旨，不管競爭對手怎樣模仿自己。

現在，每週進入「戴爾網站」的人數超過五百萬人次，戴爾公司已經達到每天約二百萬美元的銷售額。這個數字，讓所有的人都對戴爾公司另眼相看，同時有力的證明了戴爾公司的網路銷售具有非凡的影響力。

行銷啟示：

在電腦行業，隨著市場競爭的日益激烈，企業慢半步就有面臨滅亡的危險。自從戴爾公司進軍電腦業，面對激烈的競爭，危機四起，戴爾公司以顧客至上為宗旨，以三基本原則，進行超越速度的銷售，取得了非凡的成績。

教授賣蘋果

一位教授對某高校俱樂部前，來來往往的人群進行了細心觀察並進行分析，得出的結論是：成雙成對的情侶佔比例十分大，這些情侶們將是最大的蘋果需求市場；並想出了一個怪招。

元旦，此高校俱樂部前，一位老婦人守著兩筐蘋果叫賣，因為天寒，很少有人購買。這個教授見此情形，上前與老婦人商量幾句，然後走到附近商店買來節日織花用的紅彩帶，並與老婦人一起將蘋果兩顆一紮，接著高聲叫道：「情侶蘋果喲！兩元一對！」經過的情侶們覺得十分新鮮：用紅彩帶紮在一起的一對蘋果看起來很有情趣。於是一下圍了一大群人，不一會兒，搶購一空。

老婦人賺了不少錢，再三向教授表示感激之情。

行銷啟示：

這是一個成功進行目標市場定位行銷的案例。即首先分清眾多細分市場之間的差別，並從中選擇一個或幾個細分市場，針對這幾個細分市場開發產品並制定行銷策略。

原一平和「自高自大」的總經理

原一平作為行銷奇才，總能設計獨特的怪招，攻克行銷難題。

有一次，原一平去拜訪某公司總經理。

原一平在拜訪時，堅守一條原則：拜訪前一定要做周密的調查。經過調查，他得知這位總經理是個「自高自大」的人，脾氣十分古怪，並且沒有什麼愛好。

這是一般業務員最難對付的人物，不過對這一類人物，原一平倒是想出了一條妙計。

原一平向櫃檯小姐報名道姓：「妳好，我是原一平，已經跟貴公司的總經理約好了，麻煩妳通知一聲。」

「好的，請等一下。」

接著，原一平被帶到總經理辦公室，總經理正背著門坐在椅子上看文件。過了好一會兒，他才轉過身，瞄了原一平一眼，又轉過身看他的文件。

就在眼光接觸的那一瞬間，原一平有種難以言語的難受。

忽然，原一平十分響亮地說：「總經理，您好，我是原一平，今天打擾您了，我改天再來拜訪。」

總經理轉身愣住了……

半響，驚訝的問：「你說什麼？」

「我告辭了，再見！」

總經理不知該說什麼，只是木然的望著原一平。

原一平站在門口，轉身說：「是這樣的，剛才我對櫃檯小姐說給我一分鐘的時間，讓我拜訪總經理並向您請安，如今已完成任務，所以向您告辭，謝謝您，改天再來拜訪您。」

走出總經理辦公室，原一平早已冒出一身汗。

第三天，原一平又硬著頭皮去做第二次的拜訪。

「嘿，你又來啦！前幾天怎麼一來就走了呢？你這個人蠻有趣的。」

「啊，那一天打擾您了，我早該來向您請教……」

「請坐，不要客氣。」……

結果他們越談越投機，這位總經理很爽快地與原一平簽了合約。

行銷啟示：

碰上傲慢可憎的人，有的業務員掉頭就跑，也有的業務員知難而上，征服對手。究竟如何征服對方？對於公事繁忙的主事者，切不可死纏爛打，應該像原一平那樣，採用「一來就走」的妙招，激起他們的興趣，為第二次深談做準備。

從五千元增加到三萬元

身為業務員要視商場為戰場，在與客戶會面時，隨時要有心理準備，萬一碰到出乎意料的情況，要能察覺客戶的心態，做出最正確的反應，扭轉頹勢，反敗為勝。

原一平有一天去煙酒店拜訪。這家煙酒店是前次做成功的新客戶，由於已成為客戶，這次是第二次來拜訪，所以原一平自然而然的比較鬆懈，把原來頭上端端正正的帽子都戴歪了。

原一平一邊推開玻璃門，一邊說晚安，應聲而出的是煙酒店的小老闆，他是老闆的兒子，雖然是小老闆，但年紀已經不小了。

小老闆一見原一平，就生氣地大聲說：「喂，你這是什麼態度，你懂不懂得禮貌，歪戴著帽子跟我講話，你這個大混蛋。

我是信任明治保險公司，也信任你，所以才投了保，誰知我所信賴公司的員工，竟然這麼隨便、無禮。」聽完這些話，原一平立刻鞠躬致歉。

「唉！我實在慚愧極了，因為你已經投保，我把你當成自己人，所以太任性隨便了，請你原諒我。」

原一平繼續道歉說：「我的態度實在太魯莽了，不過我是帶著向親人請教的心情來拜訪你，絕沒有輕視你的意思，所以請你原諒我好嗎？千錯萬錯，都是我的錯，請你息怒好嗎？」

小老闆突然轉怒為笑說：「其實我大聲責罵你也太過分了。」

他握住原一平的雙手，說：「慚愧！慚愧！太魯莽，無禮了。」

兩人越談越投機。小老闆說：「我向你發脾氣，實在太過分了一點，我看這樣吧！上次我不是投保了五千元嗎？我看就增加到三萬元好了！」

行銷啟示：

人不是聖人，總會有犯錯誤的時候，問題是犯錯誤之後，要懂得隨機應變，並且做出最快速的反應，以便挽回劣勢，反敗為勝。

帶橡皮擦的鉛筆由來

只要留意身邊發生的每一件事，每一個人都有可能開發獨特的產品。

有一次，窮困潦倒的畫家律蒲曼正全神貫注地繪畫，要修改時卻找不到橡皮擦。好不容易找到一塊，擦去了需要修改的畫面後，卻又不知道把鉛筆放在哪裡了。

他從中吸取教訓，把橡皮擦與鉛筆用絲線綁在一起，這樣可以避免兩者分開難找。但這種方法不牢靠，使用一會兒橡皮擦就掉了下來，很不方便。

他繼續想辦法，終於想出了一個好辦法：剪下一塊薄鐵片，把橡皮擦和鉛筆末端連接著包起來，再壓兩道淺渠，使用時再也不會掉下。

他認為，如果鉛筆都能帶著橡皮擦，一定會備受畫家、廣大學生等的歡迎。

於是，律蒲曼向親戚借來幾千美元到專利局辦理申請手續，不久得到認可，很快又被雷巴鉛筆公司買下了這項專利。

原來生活潦倒的律蒲曼，一下獲得五十五萬美元的專利費。

行銷啟示：

律蒲曼無意間發明了帶橡皮擦的鉛筆，這說明企業有時在開發產品時，並不需要特別專業的知識，只要留意生活，稍加變化，提供能給人們帶來更多方便的的產品即可。

客戶的評價

當記者問百萬富翁湯姆的成功秘訣時，他講述了這樣的一個故事。

有一天，他打電話給一位婦人說：「您需不需要割草？」

婦人回答說：「不需要了，我已有了割草工人。」

他又說：「我會幫您拔掉花叢中的雜草。」

婦人回答說：「我的割草工人也做了。」

他又說：「我會幫您把草與走道的四周割齊。」

婦人回答說：「我請的那個人也已做了，謝謝你，我不需要新的割草工人。」

他便掛了電話，此時他的室友問他說：「你不是就在這位婦人那裡割草打工嗎？為什麼還要打這電話？」

他說：「我只是想知道我做的有多好！」

行銷啟示：

對於許多已經擁有客戶的企業來說，市場維護是最困難的，因為市場瞬息萬變，客戶的心理也是瞬息萬變的。只有不斷的瞭解客戶的評價，才有可能知道自己的長處與短處，才能在市場上保持不敗。

巧妙改變型號名稱

現在有很多商家把自己的店裝扮的富麗堂皇，聘請的店員也都有魔鬼般的身材、閉月羞花之貌，以為這樣才顯得出自己的高品位。而南茜的店則恰恰相反，裝修一般，聘請的店員一個個都和「小型推土機」差不多。

令人驚訝的是，在美國內華達州舉行的一次「最佳中小企業經營者」選拔會上，身材像小型推土機的胖女士南茜竟贏得了冠軍。

與同行相比，南茜的店並無太多的優勢。細究其因，她不過是比別人多動了一點腦筋，讓顧客感到舒暢。

一般女裝店都是把服裝尺寸分為大（L）中（M）小（S）以及加大（XL）號碼四

種。南茜卻不這樣分，她發覺很少有胖女士跑進店裏說「我要大碼的」，「我要加大碼的」，所以，在南茜的店裏，號碼是用人名來代替的：瑪麗是小碼，林恩是中碼，伊莉莎白是大碼，格瑞絲特是加大碼。

這樣一來，顧客上門，店員就不會有讓顧客尷尬的「這件加大號碼的正適合妳」之說了，代之以讓顧客覺得舒服的「妳穿格瑞絲特正合身呢」。

另外，在南茜的店裏，店員也都是精心挑選的，一個個都和「小型推土機」差不多。這便在無形中又使顧客消除了不好意思的感覺，因此顧客盈門，財源滾滾。

就這樣，南茜開的這家女裝店，開業之初只有五千美元註冊資本，經營一年之後，資本近十萬元。

行銷啟示：

巧妙的借助一些暗示資訊推銷自己的商品，是一種很高明的做法。服裝店的目的是讓顧客找到認同的感覺，讓顧客覺得舒服。

奧城良治的成功秘訣

有一天，奧城良治在田埂間看到了一隻瞪眼的青蛙，就十分調皮的向青蛙的眼瞼撒了一泡尿，卻發現青蛙的眼瞼非但沒有閉起來，而且還一直張眼瞪著。

後來回家問父親才知道，青蛙是在警戒的等待獵物進入自己的視野。

奧城良治將這段童年經驗運用在遭遇拒絕上，客戶的拒絕猶如撒尿在青蛙的眼瞼，要逆來順受，張眼面對客戶，不必驚惶失措，這就是他的「青蛙法則」。

後來，奧城良治榮獲日產汽車十六年銷售冠軍。

他還告訴前來請教的人：「每天訪問一百個潛在客戶，永不懼怕客戶拒絕。」

行銷啟示：

青蛙一直在睜大著眼睛等待獵物，而我們則要學習牠那種「隱忍以行，將以有為也」的態度。沒有一定的耐心和毅力，絕不可能在銷售行業中出類拔萃。

法林推銷商品

作為成功的商人，能摸對了顧客的心理，並採取相應的策略，變滯銷為暢銷。

法林是美國的著名商人，他看到許多商品積壓，於是苦苦思索，最後想出一個辦法。他在波士頓市中心的最繁華的地段開了一家商店，並在電視上做了廣告，聲稱該店有一套與其他商店不同的經營方法：商品標出價格的前十二天按定價出售，從第十三天起到第十八天，降價二五％；第十九到二十四天，降價五○％；第二十五到三十天，降價七五％；第三十一到三十六天，如果仍然沒人買，就送給慈善機構。

這家商店一開門就成了人們議論的話題，幾乎每個人都想去這個商店看個究竟。

大部分的人預言：「這個笨蛋將傾家蕩產。」因為，如果顧客都等到商品價格降到最低時才買，商店豈不是要賠錢？

然而，事實上法林商店的商品十分暢銷。由於顧客認為：今天不買，明天就會被別人買走，還是先下手為強。

後來，一家製衣廠的產品積壓許多年，求助於法林，結果不久便被搶購一空。

行銷啟示：

作為一個商人，不但要瞭解顧客的心理，還要引導顧客的心理朝向自己有利的方向發展。透過廣告做出一些暗示，引起顧客的好奇心。

小禮物的成功推銷

大多數的人並不喜歡一開始就顯得很熟悉，這個時候可以尋找其他的突破口。誰不喜歡自己的孩子？讓客戶的孩子喜歡上你，會讓一個業務員得到很多機會。

有一位一流的業務員，她總會送給客戶一枚帶有棒球圖案的小徽章，上面刻著「我愛你」。有時也會贈送一些心形的玩具氣球給她的客戶，並且說：「您會喜歡和我合作，對吧？」

她最常做的事情是把禮物送給顧客的孩子。她可能會趴在地板上對小孩說：「小朋友，你叫什麼名字？你好啊，你肯定是個乖孩子？啊！你手裏的小喜鵲可真有趣！」

見小孩子好奇地盯著自己，接著說：「我有些小禮物要送給你，你一定會喜歡，猜猜看是什麼？」

說著，她從包包裏拿出一大把棒棒糖來，並攥在手裏，說：「你猜猜這是什麼？猜對了就給你。」然後，她會把小孩帶到女主人身邊說：「這一根給你，其他的給媽媽收起來，好不好？瞧，這裡還有一些氣球，讓爸爸替你保管，好不好？你真是個聽話的乖孩子。好了，我得和你爸爸媽媽談事情了。」

就這樣，她與客戶的距離拉近了，為她的成功做了很好的鋪墊。

行銷啟示：

在這整個過程中，這位一流的推銷員運用了送禮物的推銷技巧，將自己和客戶的心理距離拉近，這是每個行銷人員應注重考慮的問題。拉近的方式還有很多種，其實無論採取哪種方式，對推銷人員來說都是一個巨大的挑戰。

回歸自然

每個人都有自己的風格和特點，只有自然的東西才具有個性，才能與眾不同，才具有強烈的人情味，才能引起觀眾的共鳴。

一家唱片公司花了許多時間打造一位年輕的偶像男歌星，除了進行長期歌唱技巧訓練之外，還安排了服裝儀容訓練、說話技巧訓練，希望這位新人能夠一炮走紅。

經過長期的嚴格訓練，新人果然脫離了他的青澀，上電視節目宣傳時，說起話來頭頭是道、可圈可點，不輸於主持人。服裝儀容更是光彩奪目，看不出絲毫的瑕疵。

但是沒想到辛苦了幾年，耗費了很多成本，還是不見新人成為偶像。

唱片公司老闆百思不得其解，於是請一位造型高手重新為他塑造新的形象。

高手一出手，情況就不同了，短短幾個月，新人就紅遍了全國各地。

高手到底使用了什麼高招呢？讓新人翻了身的呢？

其實，高手的高招是回歸自然。

因為高手不但沒有再訓練，反而停止了以前的一些訓練課程，衣著也簡單了。他儘量拿掉了新人的包裝，他要求新人恢復原有的青澀模樣，不要故做老成。

新人去除了包裝，在舞台上說話有時還會結結巴巴，遇到了敏感的問題還會臉紅，這些都讓歌迷們心疼憐惜，說起話來欲言又止的模樣更是讓歌迷們心動。

行銷啟示：

當我們用大量的包裝塗抹掉產品的本來面目，它也就失去了內在的價值。這些寶貴的經驗值得我們在廣告和行銷中運用。

參與式推銷

目前廣告滿天飛，人們也因此對它所推薦的東西產生了懷疑感。所以，可透過舉辦活動的方式讓消費者自己設計產品，並無意識的推銷產品，這樣就會取得成功。

在充滿諮詢的現代社會，日本高島屋百貨公司別出心裁的每年舉辦一次「向主婦們買設想」的活動。

凡是參加這些設想活動的入選者，公司發給一萬日元的購物券。每年參加該活動的主婦們的人數竟然高達五、六萬，她們提出了各式各樣的設想，如帶抽屜的切菜板、底部有活塞開孔的盒子等等。

每年高島屋百貨公司為舉辦這項活動花費一百萬日元，但那些實用而帶有創意的設想及設計者的無意識推銷，為公司帶來的效益卻要以億計。

行銷啟示：

參與式推銷有兩大主要優勢：一、我們可透過舉辦活動讓消費者參與設計，最能滿足人們需要的產品。二、人們往往對自己親手設計的產品十分推崇，從而主動為產品做宣傳。

醜陋玩具

行銷人員如何找到最有賣點的產品？在很多的時候，我們的銷售人員都是按照一種固定的思維來開發產品。事實上，市場缺乏的就是那些打破常規，開發出來的標新立異的產品。

有一天，美國艾士隆公司董事長布希耐，對於公司陷入疲軟而苦惱不已。為了從苦悶中解脫出來，他開車到郊外散心。在郊外散步時，看到幾個孩子正在玩一隻骯髒並且非常醜陋的昆蟲，簡直到了愛不釋手的地步。

布希耐意識到：某些醜陋的玩物在部分兒童心理上佔有十分重要的位置。突然，靈感來了，他果斷地做出決定：部署自己的公司研製一套「醜陋玩具」，迅速推向市場。結果一炮打響，引起美國掀起行銷「醜陋玩具」的熱潮。

從此艾士隆公司開發的此類品種極盡醜陋之能事，例如：病球、粗魯陋夫、臭得令人作嘔的臭死人、狗味、嘔吐人等，售價也比一般玩具的價格高。更出乎人們意料的是，這些玩具自問世以來就一直受廣大兒童的歡迎，銷路十分的好，其中僅「病球」一種已銷售近千萬個。「醜陋玩具」系列為艾士隆公司帶來了非常豐厚的利潤。

行銷啟示：

作為企業家，如果開發一種既符合此產品的特定消費群的心理，又獨具一格的產品，就很可能會在激烈的競爭中處於優勢。

賣糖果的訣竅

在購買東西時，人們心理往往會產生微妙的變化。如能抓住，則會獲得成功。

掌管著美國好樂公司三十億美元資產的副總裁艾麗莎．巴倫，在年輕的時候曾當過一間糖果店的店員。去糖果店買糖果的顧客十分喜歡艾麗莎．巴倫，總是等著她給自己售貨。

有人好奇的問艾麗莎：「為什麼顧客都喜歡找妳，而不找別的店員，是妳給的特別多嗎？」

艾麗莎搖了搖頭，說：「我並沒有多給他們，只是別的店員在秤糖果時，起初都拿得太多，然後再一點點的從磅秤上往下拿。而我是先拿得不夠，然後再一點點的往上加，顧客自然喜歡我了。」

行銷啟示：

推銷其實就是一個攻心戰，誰掌握了顧客的心理，誰就是最後的贏家。一點點的往上加比一點點往下拿，心理上要舒服得多。

免費的煤油爐

由於對新產品的不瞭解，人們往往排斥新產品。這該怎麼辦呢？M公司的老闆創造的「毒品法則」就是解決此問題的良策。

M公司專門經銷煤油和煤油爐，創立伊始，大肆刊登廣告，大力宣傳煤油爐的諸多好處，但效果不大，其產品幾乎無人問津，貨品大量積壓，公司瀕臨破產。

有一天，老闆突然靈感來了，讓公司職員登門向住戶免費贈送煤油爐。公司職員困惑不解，還認為老闆瘋了呢，但是老闆的態度很堅決，只好依令而行。

住戶們真是喜出望外，一個個爭相給公司打電話，索取煤油爐。不久，公司的煤油爐就被送光了。

那時，爐具還沒有現代化，人們生火煮飯只能用木材和煤油。透過一使用，煤油爐的優越性明顯的表現出來了，家庭主婦們簡直一天也離不開它了。

不久之後，他們發現煤油燒完了，便到M公司買煤油，M公司可沒先前那麼慷慨了，一分錢也不肯少。當時煤油價格不低，但已離不開煤油爐的人們也只好自掏腰包了。

再後來，煤油爐也漸漸用舊用壞了，於是顧客只好買新的。

結果，這家公司所獲的利潤遠遠高於它贈送的煤油爐的成本。

行銷啟示：

這就是行銷學中著名的「毒品法則」，先讓顧客嘗到甜頭，等到顧客對產品產生依賴性，便按原來的價錢賣給顧客。

愛德華和一百萬美元的支票

拜訪者談話時，開始只是提到對方感興趣的事，不提到自己的真正意圖，能達到拜訪的真正目的嗎？

有一天，愛德華·查利弗為了贊助一名童軍參加在歐洲舉辦的世界童軍大會，急需籌措一筆經費，於是就前往當時美國一家數一數二的大公司，拜訪公司總經理，希望他能解囊相助。

愛德華·查利弗在拜訪總經理之前，探聽到這位總經理曾開過一張面額一百萬美元的支票，後來那張支票因故作廢，他還特別將支票裱裝起來，掛在牆上留作紀念。

所以當愛德華．查利弗一踏進總經理的辦公室之後，馬上提到此事，並請求參觀一下他這張裱裝起來的支票。愛德華．查利弗對總經理講述其理由：「我從未見過任何人開具過如此巨額的支票，很想見識一下，好回去說給小童軍們聽。」

總經理爽快地就答應了，並將當時開那張支票的情形，詳細的說給愛德華．查利弗聽。

說完這張支票的故事，未等愛德華．查利弗提及，總經理就主動問他：「今天來是為了什麼事？」

愛德華．查利弗這才一五一十的說明來意。出乎他的意料，總經理不但答應他的請求，而且還答應贊助五位童軍去參加童軍大會，並要愛德華．查利弗親自帶隊，由他來負責全部開銷。另外總經理還親筆寫了封推薦信，指示他在歐洲分公司的主管，提供愛德華．查利弗所需的一切服務。

事情就這麼簡單的解決了，而且解決的如此乾淨利落。

行銷啟示：

行銷的工作也是一樣，好多情形下不能單刀直入，而要採取迂迴的戰術，談論對方感興趣的事情，從而收到意想不到的效果。

守候機遇

有一天，原一平準備登門拜訪某公司董事長，這位董事長日理萬機，是個名副其實的「工作狂」，不但不易接近，而且要見他一面都十分困難。

經過再三思索，原一平決定採用直接式拜訪。

「妳好，我是原一平，我想拜訪董事長，麻煩妳替我通報一下，只要幾分鐘就可以了。」原一平對秘書說。

秘書是位訓練有素的人，進去一會兒後出來。很有禮貌的對原一平說：「很抱歉，我們董事長不在，你以後有時間再來吧！」

出來後，原一平指著一輛豪華轎車問旁邊的警衛：「警衛先生，這部轎車多漂亮啊！請問，是你們董事長的座車嗎？」警衛點頭。

於是，原一平守在車庫鐵門旁，竟不知不覺睡著了，正在那時，有人推開鐵門，原一平翻了一個大跟斗。等他回過神時，那部豪華轎車已載著董事長揚長而去，只留下正在漸漸消失的煙塵。第二天，原一平又來到該公司，秘書還是告訴他董事長不在。

原一平認為硬撞不行，決定採取「守株待兔」的方法。一大早，他靜靜的站在該公司的大門邊，等待這位董事長的出現。

一個小時，二個小時，五個小時過去了，原一平還在守候著……

皇天不負有心人，終於有一天，原一平等到了董事長的豪華轎車出現，原一平連忙一個箭步衝上去，一手抓著車窗，另一手拿著名片。

「董事長您好，請原諒我魯莽的行為，不過，我已經拜訪您好幾次了，每次您的秘書都不讓我進去，在萬不得已的情況下，我才用這種方式來拜見您，請您多多包涵。」原一平不卑不亢的說。

董事長叫司機趕快停車，打開車門下車並請原一平上去辦公室。

結果，董事長不但接受了訪問，還與原一平簽了保單。

行銷啟示：

世界上最偉大的推銷員，通常也是要經歷過無數次的失敗。俗話說得好：失敗乃成功之母。面對拜訪不利，應等待時機，只要有一％的希望，就要付出九九％的努力。這樣，你就會比別人有更多的成功的機會。

賣保險櫃的故事

有一天，紐約有位名叫摩斯的年輕商人，匆匆忙忙前往警察局借來正在被通緝的重大盜竊犯照片，並把照片放大好幾倍，然後把它們貼在自己店面的玻璃上，照片下面還附上文字說明。

路過的人疑惑不解：為什麼把盜竊犯的照片往自己店面的玻璃上貼呢？

原來，摩斯在紐約市的一個繁華地區租了一家店面，滿懷希望的選擇一個吉日開始做起保險櫃的買賣。

然而開業開始，生意慘澹。雖然每天有許多人在他店門口走來走去，店裏各式各樣的保險櫃也排得整整齊齊，店裏的銷售人員更是彬彬有禮、服務周到，但就是很少有人光顧。

看著店面前川流不息的人群，卻沒有人光顧他的店，他不禁心生煩惱。最後摩斯苦苦思索，終於想出了這樣一個辦法。

結果是如何呢？

照片貼出來以後，來來往往的行人都被照片所吸引，紛紛駐足觀看。人們看了盜竊犯的照片後，產生了一種十分恐懼的心理，本來不想買保險櫃的人，此時也有些猶豫，想來想去覺得還是買一台比較保險。

於是，摩斯的生意隨即有了非常大的改觀，原本生意冷清的店面突然變得門庭若市。就這樣沒費什麼力氣，他的營業額就突飛猛進，不斷上漲。保險櫃在第一個月就賣出了四十八台，第二個月又賣出七十二台，以後每個月都賣出七、八十台左右。

不僅如此，還因為他貼出了盜竊犯的照片，使員警更加順利的緝拿到了犯人。因為這件事情，摩斯還榮幸的獲得了警察局的表彰獎狀，而且報紙也對此做了大量的報導。摩斯也毫不客氣地把表彰獎狀連同報紙一併貼在店面的玻璃窗上，由此錦上添花，他的生意更加好

行銷啟示：

透過外部的刺激和誘導來向客戶傳遞產品的價值資訊，從而挖掘客戶的潛在購買慾望，這就是摩斯成功的原因。

六顆星星

一家酒館的老闆也太大意了，竟然掛著錯誤的招牌：名稱為五星酒館，掛在店門口的一串星星竟有六顆。其實，這是行銷大師幫老闆出的怪招。

這原本是德國一家祖傳的小酒館。老闆竭盡所能經營，內部裝潢豪華，擺設有情調，十分舒適，服務生的態度也相當謙和親切，價錢也公道合理，可是生意就是不好。最後，在朋友的勸說下他去向一位行銷大師請教。

行銷大師聽完他的話後說：「這個問題很簡單，把酒館的招牌換掉就可以了。」

「換掉」，老闆先是一驚，然後表示他對這個方案不贊同，「這辦不到。這是世代相傳的名字，而且大家也都十分熟悉了」。

行銷大師堅持說：「一定得換，把名稱換成五星酒館，還要將六顆星星串成一串兒，掛在大門入口處。」

「五星酒館，六顆星星？難到這會對生意有什麼幫助嗎？」老闆迷惑不解。

行銷大師淡淡的一笑說：「不妨去試一試。」

老闆別無他法，只好照行銷大師的方法去做。之後不久，每個路過的人都走進酒館，指出招牌上的錯誤，而且每個人都認定其他人並未注意到這個小差錯。

這些人一踏進酒館，就被服務生的熱情的服務打動了，自然就想歇個腳喝幾杯酒，酒館的財源從此滾滾而來。

行銷啟示：

錯誤和怪異或許就是另一種商機，對現代人來講，這也許是一個獨特的賣點。

虛心請教法

在美國有一位規模滿大公司的總經理，他出身貧寒，曾為一家香皂公司做推銷。他的成功秘訣是什麼呢？

有一次，他跑到一家超市推銷他的香皂。正忙著上貨的超市老闆，哪有時間招呼他，於是不耐煩的揮揮手說：「你走吧！我這裡貨很多，沒有空跟你閒聊，等以後再說吧！」

他仍繼續向老闆介紹他推銷的香皂的優點，希望能說服老闆，購買他們的產品。

沒想到對方這時卻破口大罵：「帶著你的東西立刻給我滾蛋！剛才是給你面

子，不想讓你太難堪，可是你這傢伙卻這麼不知好歹！」

他一面收拾自己的產品，一面心平氣和的對老闆說：「很抱歉，我剛當業務員沒多久，才疏學淺，還希望您不吝賜教……對啦！如果我要把這香皀向其他地方推銷的話，我該怎麼說才好呢？」

老闆聽到這些，認為自己剛才實在是太過分了，於是他熱心地對推銷員說：「你應該……」老闆把這香皀的好處說了一大堆。

「老闆，沒想到您對我們公司的產品這麼瞭解！所說的話也如此具有說服力！真是謝謝您的指點。」他由衷的稱讚對方並表示衷心的感謝。

老闆聽完之後，怒氣早已消了，並且心情非常舒暢，竟然與他簽下了一筆不小的訂單。

行銷啟示：

虛心向自己的客戶請教，會壓低對方的傲氣，獲得對方的好感，從而為你成功的推銷打下良好的基礎。

馬律斯的招牌菜

炸薯片是許多人都喜歡吃的食品，你知道它的由來嗎？

在美國的西部有一家速食店，生意非常好，店裏以行銷炸馬鈴薯而小有名氣。而馬律斯先生則是店裏的大師。

有一次，服務小姐端了一盤油炸馬鈴薯對瑪律斯說：「客人說馬鈴薯切的太厚了，要你全部切薄一點。」

馬律斯用手撥弄馬鈴薯，發現切法與平常是一樣的，而且從來都沒有客人這樣抱怨過，但馬律斯還是以他敏捷的身手，將馬鈴薯全部對切一半，再放進滾熱的鍋子裏油炸幾分鐘，然後叫服務小姐端出去。

沒過多久，服務小姐又端著盤子無奈的走回來對馬律斯說：「那個挑剔的客人，罵我服務態度很不好，馬鈴薯怎麼還是這麼厚。」

馬律斯也認為這個客人實在是太挑剔，但他覺得與其跟他理論浪費時間，不如再將馬鈴薯切薄一點，這樣做還比較省時間，於是他又認真地切成了小片。

等把馬鈴薯炸好撈起來以後，馬律斯順手灑上一些胡椒與鹽巴，其理由是：「馬鈴薯切得太薄，可能會失去原來的味道，引起客人抱怨。」

沒過多久，服務小姐再次拿著盤子走回來。不同的是，這一回她是笑著對馬律斯說：「那個客人真奇怪，剛才還嫌太厚不好吃，現在卻稱讚你調理得很棒，還說從來沒吃過這麼美味的炸馬鈴薯，真是好笑。」馬律斯親口嚐了一下自己炸過的薄薯片，味道的確妙不可言。

從此以後這道炸薄片馬鈴薯便成馬律斯的招牌菜之一，它吸引了許多客人慕名而來。它發展到現在，就成了我們都喜愛吃的炸薯片。

行銷啟示：

顧客看似無理的苛刻要求，或許能給你帶來意想不到的成功機遇，所以認真對待客戶挑剔的資訊，把它看成是產品未來發展方向的依據。

路的旁邊也是路

西田千秋一手操辦的松下精工的「風家族」，已經非常豐富了。除了電風扇、排風扇、暖風機、鼓風機之外，還有果園和茶園的防霜用換氣機、培養香菇用的調溫換氣機、家禽養殖業的棚舍調溫系統等等。這些都離不開西田千秋的正確經營理念：圍繞產品開發的產品也是產品。

西元一九五六年，松下電器公司與日本另一家電器製造廠合資，設立了大孤電器公司，專門製造電風扇。當時，松下委任松下電器公司的西田千秋為總經理，自己則擔任顧問。

這家公司的前身是專做電風扇的，後來又開發了民用排風扇。但即便如此，產品還是顯得比較單一。西田千秋打算開發新的產品，試著探詢松下的意見。松下對他說：「只做風的生意就可以了。」當時松下的想法是讓松下電器的附屬公司盡可能專業化，以期有所突破。可是松下電器的電風扇製造已經達到相當高的境界，完全有實力開發新的領域。但是，松下留給西田千秋的卻是否定的回答。

然而，聰明的西田千秋並未因松下這樣的回答而灰心喪志。他的思維極其靈活而敏捷，他緊盯著松下問道：「只要是與風有關的，任何產品都可以做嗎？」

松下並未細細品味此話的真正含義，但西田千秋所問的與自己的暗示很吻合，所以他毫不猶豫的回答說：「當然可以。」

五年之後，松下又到這家工廠視察，看到廠裏正在生產暖風機，便問西田千秋：「這是電風扇嗎？」

西田千秋說：「不是，但是它和風有關。電風扇是冷風，這個是暖風，你說過要我們做風的生意，這難道不是嗎？」

勞。

後來，西田千秋只做風的生意，就為松下公司的更加輝煌發展立下了汗馬功勞。

行銷啟示：

這個成功案例告訴我們，作為企業家，當你的產品無論從品質上還是從包裝上都已達到了極點時，不妨試著圍繞產品開發新的產品。

無人問津的三顆寶石

一根稻草竟被人以高達八千美元的價錢買去，而貨真價實的寶石卻無人問津！

有一天，張三和李四來到一座城市。張三對李四說：「你知道嗎？這座城市曾經救過我的性命。有一天我從這裡路過，突然急病發作，昏倒在路旁。是這座城市裏最善良的人們把我揹到醫院，請醫生替我治好了病。我不知道誰是我的救命恩人，因為他們都沒有留下姓名。後來我離開了這座城市，變得更加富有，我想報答我的救命恩人。」

「那麼，你打算為這座城市做點什麼呢？」李四說。

「把我最珍貴的三顆寶石奉送給這裡最善良的人們。」張三說。

他們在這座城市住了下來。第二天，張三就在自己的門口擺了一個小攤，上面擺著三顆閃閃發光的寶石。張三還在攤位上寫了一張告示：「我願將這三顆珍貴的寶石無償送給善良的人們。」可是，來來往往的行人只是駐足觀望了一會兒，然後又各走各的路去了。整整一天過去了，三顆寶石無人問津。兩天過去了，三顆寶石仍靜靜躺在那裡。又是三天過去了，三顆寶石還是沒找到婆家。

張三迷惑不解。李四笑了笑說：「讓我來做個試驗吧。」於是，李四找來一根稻草，將它裝在一個精美的玻璃盒裏，盒中鋪上紅絲絨布，標籤上寫著：「稻草一根，售價八千美元。」

此舉一出，立刻產生轟動效應，人們爭先恐後，前來詢問稻草的非凡來歷。李四說這根稻草乃某國國王所贈，是王室家中傳家之物，保佑著主人的榮華富貴。

結果，三顆寶石依然在熠熠發光，而在人們眼中，只是把它們當做假貨，當做哄小孩子的東西而已。

行銷啟示：

寶物放錯地方成廢物，廢物放對地方成寶物。商品是否暢銷不僅僅取決於它的品質，還在於它是否有精美的包裝。

兩用插座的誕生

松下是由生產電插座起家的，由於插座的性能不好，產品的銷路也不怎麼樣，創業不久，他就陷入了瀕臨破產的困境。

有一天傍晚，他無精打采地獨自走在回家的路上。路過一個家庭的窗戶時，一對姐弟的對話，引起了他的注意。姐姐正在熨衣服，弟弟想開燈讀書，但當時的插座只有一組插孔，用它熨衣服就不能開燈，開燈就不能熨衣服。於是弟弟吵著說：「姐姐，妳不快一點開燈，我怎麼看書呀？」

姐姐哄著弟弟說：「好了，好了，我就快熨好了。」

「老是說快熨好了，已經過了十分鐘了。到底還要等多久時間呀！」

姐姐和弟弟為了用電，一直吵個不停。松下幸之助思索著：只有一組插孔，有人熨衣服就無法開燈看書；有人看書就無法熨衣服，這真是太不方便了！何不想出同時可以兩用的插座呢？他認真思考這個問題，不久，他就研製出了兩用插座。

新產品問世以後，人們爭相購買，很快就被搶購一空。而訂貨的人也越來越多，簡直是供不應求。他只好增加工人，擴建廠房。

松下幸之助的電器事業，從此逐年發展壯大。如今，松下幸之助已成為日本著名的企業家，松下的電器產品也已經享譽全球。

行銷啟示：

善於思考的人往往會與好的機會不期而遇。留意身邊的瑣事，思考身邊的瑣事，你或許能打開一個巨大的市場。

賴托爾的創業經歷

人的包裝是一種對內在美和外在美的追求，是讓別人更多的瞭解自己，更直接的發揮自己的一技之長，從而實現自己的人生價值的積極手段。

賴托爾是世界最大的香皂製造商之一，即莫利威公司董事長，誰能想到他年輕時曾是一位微不足道的推銷員？

那時候，這位立志要成為商界大人物的小伙子，在每一次推銷失敗之後，他很快又會回到拒他於千里之外的老闆所開的店那裡去，問老闆他進店時的動作、言詞等，有什麼不當之處，並懇請老闆告訴他應如何改正。

他這種虛心坦誠求教的精神以及忠誠敬業的態度，不僅得到了善意的批評和寶貴的成功經驗，而且被他拜訪的老闆，都很樂意與他建立友誼並成為他的客戶。

兩年後，他榮升銷售部主任，五年後他與朋友合作開起香皂廠。

賴托爾根據自己的親身體會，非常注意「員工包裝」。他告誡部下：「包裝不僅僅是指服裝，還包括講話，講話比服裝更重要。」於是，他從走路、開門、態度、笑容、禮貌等小細節開始，逐一包裝他的推銷員。

經過十幾年的艱苦奮鬥，他終於實現了自己的夢想，成為商界鉅子。他的工廠和公司遍佈全國，並且開始向國外市場進軍。

行銷啟示：

行銷過程中的「包裝」是非常重要的，因為它代表一種形象，代表一種禮儀，所以對自己進行適當的包裝，將會有利於商品的銷售。

餐廳的創意

有一位廣告界的資深創意人退休後無事可做，便和朋友合夥開了一家餐廳。他認為自己曾經做了那麼多年的廣告企劃，這次一定要想出一些與眾不同的好點子，來為他的餐廳招徠生意。

餐廳很快就開張了，可是餐廳的裏裏外外竟然沒有任何文字，門口只是高掛著兩個紅通通的模型。這是一對龍蝦，頭戴牛仔帽，腰上各掛著一條寬皮帶，皮帶上都別著一把槍，遠遠望去活像古代張牙舞爪的門神。走進這家裝飾得像西部片老酒館的餐廳裏，你會看到穿著牛仔衣的服務生，你會發現他交給你的菜單是本無字天書。

怎麼點菜呢？原來功能表上都是圖片。譬如說麻辣豆腐，就在旁邊畫了塊豆腐、幾根辣椒和花椒，另外還有數字表示價錢。如果是水煮魚，就在上面畫一個小鍋，鍋裏清水中有一條魚，鍋裏的水還在冒著熱氣，旁邊再畫上一盤鮮紅的辣椒。顧客一看一目瞭然。

想要去吃飯的時候就說：「走吧！我們去那家牛仔龍蝦店。」點菜的時候也就用手指指著功能表，什麼話也不必說。總比到了一些餐廳，雖然看了半天的菜名，卻不明白到底是些什麼菜，只好隨便點了幾個熟悉的作罷好的多。

這家餐廳開張不久，生意果然好得出奇！

行銷啟示：

人們都有追求新奇的心理，利用這種心理，搞出一些好的創意加在你的商品上，或者融入於服務之中，你就會輕而易舉的把你的產品或服務推銷出去。

獨一無二的郵票

一張郵票的價錢竟然值六百萬美元，聽起來不可思議，但它卻是真實的故事。

在一場珍稀郵票拍賣會上，拍賣正進入最高潮。在場的人都望著台上那兩張全球僅存的黑便士郵票，價格一路攀升，節節高漲，有人竟喊到了四十萬美元的空前天價。

忽然，角落裏有一位中年男子大聲喊：「二百萬美元。」

拍賣會上一下鴉雀無聲，所有的人都驚呆了：居然有人會開出這個難以想像的價錢。

不過，更出乎意料的事情還在後面。當這個中年男子上台繳款拿到郵票之後，他立即把相連的兩張郵票撕開來，然後掏出打火機，將其中一枚郵票點燃燒毀。

中年男子的這一舉動一下子使全場的人震驚了：他燒掉的可是一百萬美元！看到台下那麼多驚嘆的眼睛，中年男子大聲說道：「各位，你們不要緊張，也不必惋惜，燒掉那一張郵票，全世界就僅存下這一張黑便士了，它將會因此而變得價值連城。據我估計它的價格馬上就會漲到六百萬美元！」場下的觀眾聽完不禁愕然。

結果這張郵票還真以六百萬美元的高價賣出了。

出乎人的意料，中年男子一個毀滅性的動作，竟然最後能為他帶來了六百萬美元的價值。

行銷啟示：

同樣的商品會因為稀少而變得更加珍貴。所以在不損害消費者利益的條件下，適當的減少某些特殊商品的數量，不失為一種好的行銷策略。

贈品帶來的隱性收入

在行銷時，給人們造成假象：贈品比你所消費的錢還多。這往往會給你帶來隱性收入。

在繁華的街道邊上有一家澡堂，剛剛開業。精明的老闆為了招攬顧客在大門張貼了一張廣告，廣告上寫著：「如果您來本澡堂洗澡，我們將贈送您一瓶洗髮精，一塊香皂和一條毛巾。」

一張澡堂的門票一百元，而獲贈的東西卻值一百多元，這當然吸引了許多的顧客，因此許多人都到這家澡堂來洗澡。雖然新開業不久，這家澡堂的生意卻比那些老澡堂的生意好得多。那些老澡堂的老闆對新澡堂的這種做法感到困惑不解。

他們哪裡知道其中的奧妙！

這家澡堂要求附送的贈品在使用後，必須存放在這裡。他們為顧客貼上標籤寫上名字，然後每一次到這裡沐浴的顧客，仍然可以使用自己存放的那些東西，即使這樣，顧客也願意到這裡來消費。

一瓶洗髮精，一塊香皂和一條毛巾，可以供一位顧客使用三十次左右，而每一次門票是一百元，這家澡堂可以在每一位顧客身上取得三千元的收入，而所贈送的三件物品成本只有二百元左右。這樣，雖然經營的成本略有增加，但經營收入卻會大大的增加，而且這樣一來還有了固定的消費群，況且還能吸引更多的顧客到這裡來消費。

行銷啟示：

現在已有許多商家對顧客施小恩小惠，一般情況下，這個策略對促銷起的作用不太大。因此，如何在施惠的同時，讓他們在無意中成為你的固定客戶，這樣你的收入將會遠遠大於你投入的那一點點成本。

引導式的推銷

從跟顧客的閒聊中發現顧客的潛在需求，並加以適當的引導，就會有意想不到的收穫。

一個年輕男子走進了一家百貨商場，那天值班的工作人員是湯姆，他看到年輕男子的到來，馬上迎上前去有禮貌的打招呼，他說：「先生你好，你需要什麼嗎？」

年輕男子攤開手，聳聳肩說：「我什麼都不需要，我只是因為休假三天，實在閒得很無聊，所以出來隨便轉轉。」

湯姆笑著說：「哦，休假嗎？太好了，這麼好的天氣幹嘛不去威斯堡林場打獵呢？那裡可是個迷人的地方啊，野兔和鹿多得打都打不完，你可以在那裡親手做一次野外燒烤。」

年輕男子恍然大悟說：「是呀，我怎麼沒有想到呢？」於是年輕男子隨著湯姆到娛樂部買了一把德國產的獵槍。

湯姆說：「你去打獵晚上肯定是回不來了吧！既然去野外玩，就玩個痛快，晚上參加那裡的營火晚會，很晚才能休息，你可以自帶一個小帳篷和睡袋，那就太方便不過了。」年輕男子又毫不猶豫的買下了小帳篷和睡袋。

買完這些東西，年輕男子正打算高興的往外走，忽然又回過頭來說：「可是我的汽車不太適合那裡的山路，再說開一輛豪華的汽車去打獵，也體現不出那種野外的情趣。」

「不用煩惱，這很好辦，請跟我來。」說著湯姆又把年輕男子帶到汽車部，這裡有幾款十分漂亮的越野車是專門對外租賃的。於是，年輕男子又租下了一輛越野車子。

行銷啟示：

市場是廣闊的，只要你能挖掘出顧客潛在的消費需求和隱性的消費慾望，然後加以巧妙的引導，你就能獲得銷售成功。

師兄弟賣膏藥

不要期望能用一招半式走遍江湖，不同的時代需要不同的方法。現在，人們更信奉「誠信」。

有師兄弟二人出道不久便行走江湖賣膏藥。第一天他們到鬧市吆喝，只見大師兄敲鑼打鼓地嚷道：「我們的膏藥是祖傳秘方，可以包治任何疑難雜症，保證無效退錢。」

雖說看熱鬧的人非常多，但前來捧場的客人卻屈指可數。他的師弟見狀就說：「像你這樣『萬靈丹』式的廣告詞已經落伍了，明天看我的。」師弟拍著胸脯說。師兄半信半疑。

第二天，師弟拿著膏藥，又來到了鬧市。見到圍觀的群眾他扯開嗓門對著他們說：「各位鄉親父老，你們看到的這種膏藥，專治跌打損傷，一貼見效！可是這位兄弟，你患了傷風感冒，那你還得找個大夫看看；再說那位大嫂，要是你經期不順，四肢無力，那也得趕快找醫生或吃其他的藥。這種膏藥不治傷風感冒，也不治經期不順，它專治跌打損傷，保證無效退錢。」

經過他這麼一吆喝，他發現前來買藥的人比昨天多出很多。當然，他這一天的銷售額，也比師兄多出很多。

行銷啟示：

行銷要以誠信為本，再好的產品也不會是萬能的，所以在推銷自己的產品的同時，一定不要盲目誇大產品的作用和功效。

服務小姐和挑剔的顧客

面對顧客的無端挑剔應當心平氣和，而不能與其爭得面紅耳赤。

在一家餐廳，有一位顧客高聲喊著「小姐！妳過來！妳看這是怎麼搞的。」服務小姐趕緊到他面前，顧客指著面前的杯子，滿臉怒氣地說：「看看！你們的牛奶是壞的，把我一杯紅茶都糟蹋了！」

「真對不起！」服務小姐笑著賠不是說，「您稍候，我立刻給您換一杯。」新的紅茶非常快速就準備好了，跟前一杯一樣，碟子旁邊放著新鮮的檸檬和牛奶。服務小姐輕放在顧客面前，又輕聲的說：「我是不是能建議您，如果放檸檬，就不要加牛奶，因為有時候檸檬酸會造成牛奶結塊。」

顧客聽後，臉一下子紅了，他匆匆喝完茶，走了出去。

旁邊有人笑問服務小姐：「明明是他不懂道理，妳為什麼不直接說呢？他那麼粗魯的叫妳，妳為什麼還那麼客氣的為他服務？」

「正因為他的粗魯，所以我才要用婉轉的方式對待；正因為道理一說就明白，所以用不著大聲嚷嚷！」服務小姐說。餐廳裏的所有人聽完都點頭笑了，他們對這家餐廳增添了許多好感。後來，他們每次見到這位服務小姐，都想到她的禮貌與寬容，情不自禁的介紹自己的朋友到這家餐廳來用餐，餐廳的生意自然也更加好了。

行銷啟示：

理不直的人，常用氣壯來壓人。理直的人，要用和氣來證明你是正確的！

行銷人員應該懂得這個道理。

喬・吉拉德的成功秘訣

喬・吉拉德的成功秘訣是：熱情對待每一個進公司展銷大廳的人。

有一天，外面下著大雨，有一位中年婦人走進公司的展銷大廳，告訴喬・吉拉德她想在這裡看看車打發一下時間。喬・吉拉德沒有因此把這位婦人晾在一邊，而是很熱情的跟這位婦人閒談。閒聊中，她告訴喬・吉拉德她本來打算買一輛白色的福特汽車，就像她表姐開的那輛，但附近福特車行的推銷員請她過了一個小時以後再去，她閒著無事可做，外面又下著大雨，所以她就先來這裡看看。

當得知那天正好是她五十五歲生日，她要送一輛汽車給自己做為生日禮物時，喬・吉拉德立即很真誠的說：「生日快樂！夫人。」

喬・吉拉德一邊說，一邊請她進來隨便看看，接著出去交代了一下，然後回來對她說：「夫人，您喜歡白色車子，既然您現在有時間，我先給您介紹一下我們的雙門轎車吧！它也是白色的。」婦人微笑著點了點頭。

他們正談著，女秘書走了進來，遞給喬・吉拉德一束玫瑰花。喬・吉拉德把花拿到這位婦人面前說：「祝您健康長壽，尊敬的夫人。」

這位婦人顯然十分感動，眼眶都濕潤了。「已經很久沒有收到別人送的禮物了。」她說，「剛才那位福特車行的推銷員可能是看我開了部舊車子，以為我買不起新車，我剛想要看車他卻告訴我要去收一筆貨款，讓我再等一會，於是我就來這裡了。其實我只是想要一輛白色的車子而已，並不一定是福特，只不過表姐的車是福特罷了。現在想來，不買福特也行。」

最後她在喬・吉拉德這裡買了一輛雪佛萊，並開了一張支票。其實從頭到尾喬・吉拉德的言語中，都沒有勸她放棄福特而買雪佛蘭的話。只是因為她在這裡感受到了重視，自己放棄了原來的打算，轉而選擇了喬．吉拉德所推銷的產品。

後來，喬．吉拉德被譽為世界上最偉大的推銷員，他在從業生涯的十五年之中共賣出一萬三千輛汽車，並創下一年賣出一千四百二十五輛(平均每天四輛)的記錄，這個成績被收入《金氏世界記錄大全》。

行銷啟示：

推銷並不一定要求具備高深的理論技巧，給顧客以足夠的熱情和尊重，你就成功了一半。

廣告牆的發現

商機無處不在，只要你善於發現，善於思考；生活中的每一個細節都有可能成為發財的機會。

在美國，有位年輕人乘坐火車去外地旅遊。當火車在一片荒蕪人煙的山野之中行駛時，也許是由於旅途的勞累，人們都坐在座位上百無聊賴的望著窗外。前面有一個轉彎，火車減速，一間簡陋的平房緩緩進入人們的視野。也就在這個時候，大多數乘客都睜大眼睛欣賞起寂寞旅途中這件特別的風景，甚至有的乘客開始大談特談起這間房子來。

望著旅客們興奮的目光，年輕人心中泛起漣漪，整個旅途他都在思考這間房子。返回時，他提前下了車，不辭辛苦的找到了那間房子，然後又找到了房子的主人。主人對他說：「每天火車都要從門前駛過，噪音實在讓人受不了，他們根本就沒有在這裡住，並且說很想以低價賣掉房子，但多年來一直無人問津。」年輕人一聽，心中有些驚喜。

沒多久，年輕人用一萬美元買下了那間房子，他覺得這間房子正好處在轉彎處，火車經過這裡都會減速，而疲憊的乘客一看到這間房子就會興奮起來，用旁邊的牆面來做廣告是再好不過了。

他開始和一些大公司聯繫，推薦房子旁邊這面非常好的「廣告牆」。果然不出所料，後來可口可樂公司看中了這面牆，在三年租期內，支付給年輕人十萬美元的租金。

行銷啟示：

在這個世界上，發現就是成功之門。生活中，有許多細節中隱藏著機遇，只要我們用心去發現，就一定可以得到成功的啟示。

法國白蘭地進駐美國記

美國總統艾森豪無意間當了一回高級推銷員，促使法國白蘭地成功的打入美國市場。

法國白蘭地公司生產的白蘭地酒在國內聲名卓著，一直在法國酒市場獨佔鰲頭，暢銷不衰，但是，卻難以在美國大量銷售。為了佔據巨大的美國市場，白蘭地公司不惜重金聘請一位名叫柯林斯的推銷專家。他建議利用美國總統艾森豪六十七歲生日之際，搞個宣傳。總經理特別重視柯林斯的建議，迅速召集專家研究美國民眾對白宮班子的評價，分析總統在新聞界的形象；然後向美國國務卿呈上一份禮單。

「尊敬的國務卿閣下，法國人民為了表示對美國總統的敬意，將在艾森豪總統六十七歲生日那天，贈送兩桶珍藏六十七年的法國白蘭地酒。請閣下接受我們的心意。」

美國國務卿握著法國代表的手說：「我代表總統向法國人民致謝！」

第二天，為了引起兩國民眾的注意，法國白蘭地公司宣布為這兩桶酒辦理保險手續，支付巨額保險金，又請法國最出名的藝術家精心設計酒桶。繼而又得到法國政府的贊同，開亮外交管道的綠燈。

緊接著，白蘭地公司又在美、法兩國的報紙上報導了賀禮贈送的程式：先用專機送往美國，再讓精選的四名英俊的法國青年身著傳統的法國宮廷侍衛服裝，抬著禮品進入白宮，接下來在白宮的南草坪上舉行隆重的贈送儀式。

如此陣勢，簡直將法國白蘭地酒抬到了非常尊貴的地位。就這樣，既提高了商品的身價，又不露痕跡的讓美國總統客串了一次最高級的推銷員。

從這以後，法國白蘭地酒在美國一直暢銷，深受美國人的喜愛。

行銷啟示：

這則故事告訴我們，名人是最好的廣告明星，名人的生日是最好的宣傳時機。

低價促銷法

日本的汽車已在國際市場上佔有一席之地，其中，日本的豐田牌汽車在國際汽車市場能和美國的福特汽車相抗衡，日本的汽車是怎樣打入國際市場的？

日本是汽車生產大國，其產品品質也位居世界前列。但日本汽車投放到國際市場之初，美國、德國的汽車已在國際市場上先後稱霸多年，面對實力如此雄厚的強大對手，善於經營的日本人採用了低價對比銷售的戰略。

當時，一向自傲的美國人一點也不把日本人放在眼裏，當日本人帶著他們的汽車到美國遊說時，美國人嘲笑日本人：「總會模仿別人，不會有什麼新花樣。」日本人並沒有生氣，他們降低汽車的價格，以不虧本為主，勸說美國人試著買他們的汽車，看看品質如何。不管在多麼傲氣的國度，愛佔便宜的人總是大有人在，自高自大的美國人看到比同類產品便宜大半的日本汽車時，開始主動光顧。

幾年後，人們發現，日本汽車不但比美國汽車價格便宜得多，而性能品質並不比美國汽車差，日本汽車產品日益贏得了美國人的信任。日本人見佔據美國市場的時機已成熟，便以一個客人的口氣，耐心的向美國人介紹自己的汽車，並勸說美國人放棄自己的產品，少出幾千美元買日本貨。

經過幾年艱苦的奮鬥，日本人以美國市場為前沿陣地，終於打入並佔據了世界汽車市場。

行銷啟示：

金錢是有限的財富，市場是無限的財富，市場比金錢更重要。因此為了佔據市場而低價銷售，遠比執著於一時的價格利潤有意義的多。

張三和奇怪的客戶

張三開了一家西裝店，由於曾在上海市最有名的裁縫李師傅的名下當學徒，而且十分好學，手藝不錯，加上待人誠懇，生意特別好。

有一天，來了位顧客，拿著布料，請張三為他剪裁一套西服，出的手工費比正常的高出一倍。張三一看布料，說：「這布料太差了，用它做西裝，只怕不值得吧？」

顧客回答說：「你只管賺工錢就行了，管它什麼布料呢？」

張三覺得有道理，就接了。接著，那顧客又要求他不要把扣子和扣眼縫在一條線上。張三聽後笑著說：「那不是太滑稽了？哪有這樣子做衣服的！」

顧客又重複那句話：「你照做，只管賺工錢就行了！」張三心想：只要他給錢，管那麼多做什麼？於是就答應了。

不久，對面開了一家西裝店，把張三的生意全搶了。

張三去對面西裝店發現了其中的奧祕。原來只要有客人去，那店老闆就會拿出一件西裝給他看，讓對方摸摸布料，看看扣子，再翻翻領子裏的商標—那正是張三的商標。顧客看完後都嗤之以鼻。

當然張三只好關門大吉了。臨走時，他到對面那家商店，拜訪了他們的老闆，原來他正是在自己店裏做西裝的那位客人。張三說：「我要走了，唯一的請求是，能不能讓我買回自己做的那件西裝？」老闆答應了他。

此後，張三又在別處開了一家西裝店，並將那件蹩腳的西裝掛在店裏，以示警誡。由於張三處處謹慎又講職業道德，深得客戶信賴，他的生意也越做越好。

行銷啟示：

不要為了一時的蠅頭小利，因此喪失了寶貴的商業信譽，否則你會得不償失，其損失難以用有限的金錢來衡量。

石井藥局和賀卡

一般情況下，藥局比較難以招攬回頭客，而石井藥局卻能很好的做到這一點。這其中與他們熱情的服務是分不開的。

石井藥局在辦公室的牆壁上釘了幾十個空藥盒，每一個盒子上標有一個日期。所有來藥局買藥的顧客都會留下病歷卡，石井藥局就根據病歷卡上的病人資料獲悉了每一位顧客的出生日期。他們為每一個顧客都準備了一張賀卡，並且在上面寫道：「您的健康是我們最大的心願。如果您完全康復了，請告訴我們一聲；如果您仍需要用藥，也請告訴我們一聲，我們將竭誠為您服務。」

如此充滿溫情的親切問候的話語，被分別投入不同日期的藥盒內，在顧客生日的前一天寄出，顧客便會在生日的當天收到這張讓人感動的溫馨賀卡。當然顧客收到的不僅僅是藥局對他們的關懷：病癒之後的顧客還會自然而然的記住石井藥局的名字；尚未痊癒的顧客會再次到石井藥局購藥。

就這樣，眾多顧客被石井藥局這一體貼入微的舉動感動了，都願意到石井藥局購買藥。石井藥局的財源也因此滾滾而來了。

行銷啟示：

不同的商品比品質，同質的商品比價位，同價位的商品比服務，所以，作為服務行業的行銷人員，高品質的服務會使你在激烈競爭的商場上脫穎而出。

免費的晚餐

福比尼亞公司是義大利有名的百貨公司。它成立之初，生意並不怎麼樣，面對如此窘境，公司總裁想出了一個透過款待顧客銷售的妙招。

這一天，福比尼亞公司在大門口貼出了大幅通告：親愛的女士們、先生們，本公司將從下周開始連續三個週五的晚上款待願意與本公司合作的夥伴，進行業務會餐，歡迎屆時光臨。

這個通告一貼出來，立即引起了許多好奇顧客的關注。幾個小時之內預計的三百個名額全被搶訂一空。

週五的晚上，公司果然沒有食言，他們在公司大廳舉行了隆重熱烈的餐會。

會上公司主要職員頻頻與顧客碰杯，開懷暢飲。餐會到高潮時，公司總裁向顧客們報告了一個好消息：有一百種商品半價優惠在場的顧客。接著，他又叫員工拿來一大疊商品貨單讓顧客選購。吃飽喝足了的顧客們面對東道主提供的貨單，自然很樂意選購，至少他們會對貨單津津有味的過目。

三週過後，應邀前來的顧客購買商品的價值相當於公司招待顧客花費的三倍。

福比尼亞公司的這一舉措在社會上引起了強烈的反應，許多顧客都願意參加公司舉辦的週五顧客餐會。公司嘗到了甜頭，決定把餐會長期辦下去，當然公司的名聲也越來越大。幾年後原來不太知名的福比尼亞公司竟然變成了全國知名的公司。

行銷啟示：

在行銷過程中對顧客施一些小恩小惠，不僅能有效增加產品的銷量，而且還能對產品起到良好的宣傳效果。

西爾斯的推銷技巧

西爾斯是一家百貨商品公司的推銷員，他的推銷技巧很高明，在公司其他職員看起來很難推銷出去的產品到了他手裏就會變得易如反掌。

有一次，他去拜訪一位客戶，剛進客戶的商店，就看見客戶五歲的女兒正在地板上玩耍。這小女孩很可愛，西爾斯很快就與她成了好朋友。她父親一忙完手中的事就過來打招呼，他說很久沒有購買西爾斯的產品了。西爾斯並沒有急於向他推銷什麼，而只是說他的小女兒實在很可愛，他們在一起玩的很開心。

這位客戶對西爾斯說：「看得出來你真的是喜歡我女兒，如果方便的話，你就晚上來我家參加她的生日晚會吧，我們家就在這商店附近。」

西爾斯辦完事後，回去準備了一份精美的禮品，真的去參加那個小女孩的生日晚會。晚會上大家玩的很開心，他們一起跳舞唱歌，好不熱鬧。西爾斯一直到最後才離開，當然手裏多了一筆訂單─那是一筆他從未有過的大訂單。在整個的推銷過程中，西爾斯並沒有極力推銷什麼，只不過對客戶的女兒表示友善而已，就這樣和客戶建立了良好的關係，最後反而理所當然的達到了推銷的目的。

行銷啟示：

推銷的過程同時也是與客戶建立合作關係的過程，因此在正式推銷產品之前，對客戶的親人表示關注能有效的拉近與客戶的距離。

國家圖書館出版品預行編目資料

世界級行銷學 / 蔡擇成著. -- 臺北市 : 種籽文化, 2020.06
面 ; 公分

ISBN 978-986-98241-7-0(平裝)

1.行銷學

496　　109006866

CONCEPT 127

世界級行銷學

作者 / 蔡擇成
發行人 / 鍾文宏
編輯 / 編輯組
行政 / 陳金枝

企劃出版/喬木書房
出版者 / 種籽文化事業有限公司
出版登記 / 行政院新聞局局版北市業字第1449號
發行部 / 台北市虎林街46巷35號 1 樓
電話 / 02-27685812-3　傳真 / 02-27685811
e-mail / seed3@ms47.hinet.net

印刷 / 久裕印刷事業股份有限公司
製版 / 全印排版科技股份有限公司
總經銷 / 知遠文化事業有限公司
住址 / 新北市深坑區北深路 3 段 155 巷 25 號 5 樓
電話 / 02-26648800 傳真 / 02-26640490
網址：http://www.booknews.com.tw(博訊書網)

出版日期 / 2020 年 06 月　初版一刷
郵政劃撥 / 19221780 戶名：種籽文化事業有限公司
◎劃撥金額 900(含)元以上者，郵資免費。
◎劃撥金額 900 元以下者，若訂購一本請外加郵資 60 元；
劃撥二本以上，請外加 80 元

定價：250元

喬木
書房

喬木書房

喬木書房

喬木書房